세상을 바꾼
항생제를 만든 사람들

일러두기

— 책과 신문, 잡지와 학술지는《 》, 그림과 영화는〈 〉로 구분했다.
— 외래어는 국립국어원의 외래어 표기 규정을 따랐다.
  일부 용어는 관습적 표현과 원어 발음을 감안해 표기했다.
— 용어, 지명, 인명의 원어 표기는 찾아보기에서 확인할 수 있다.
— 항생제명은 '식품의약품안전처 의약품통합정보시스템'을 기준으로 표기했다.

세상을 바꾼
항생제를 만든 사람들

페니실린에서 플루오로퀴놀론까지,
항생제 개발의 진짜 역사

고관수 지음

계단

차례

월한 실험의 장인 | 항생제의 효능을 분석하고 추출법을 개발하다 | 기적의 약, 페니실린 |
페니실린을 대량 생산하기 위해서는 | 히틀리가 없었다면, 페니실린도 없었다

History of Antibiotics

2
노벨상의 영광 뒤에는 ─────────────────

4
세상의 절반은 여자 ────────────────────────────

여는 글

자주는 아니지만 가끔 고등학생들에게 특강을 한다. 그때마다 첫 슬라이드는 언제나 똑같다. 바로 '과학이란 무엇일까'다.

"과학이란 무엇일까?"

불변의 진리
현상을 설명하는 이론
문제 해결의 수단
진리에 접근하는 방법
'왜' 그리고 '어떻게'에 대한 합리적이지만, 잠정적인 생각 체계
인류를 위한 연구 활동
(좀 더 마음에 와닿게는) 교과 과정 또는 입시 과목
(고등학교를 졸업한 성인이라면) 교양의 하나

...

(그것도 아니면) 생계 수단?

　어떤 관점에서, 어떤 수준에서, 어떤 목적으로 보는지에 따라 과학의 의미는 천차만별이다. 내가 제시하는 것도 극히 일부일 뿐이다. 사실 나는 이 모든 게 맞다고 생각한다. 어떤 이는 맨 마지막에 있는 '생계 수단'이라는 '관점'을 두고 신성한 과학을 격하했다고 말할지 모르겠지만, 나를 포함한 많은 과학자에게 의외로 가장 중요한 게 바로 그것일 수도 있다. 내가 하는 행위로 내 생활을 영위하고, 내 가족을 부양한다는 것만큼 소중한 것은 없다. 물론 내가 하는 과학이 내 삶의 태도를 결정할 것이고, 나의 자아를 실현하며, 진리를 탐구하는 일이 되었으면 좋겠고, 한 걸음 더 나아가 인류에게 보탬이 되는 활동이었으면 좋겠다. 비중은 서로 다를지 모르지만, 지금까지 모든 과학자들은 그런 마음으로 '과학'이라는 활동을 해왔을 것이다. 물론 고상한 목표를 가지고 시작한 사람도 없지는 않을 것이다. 하지만 하나의 평범한 직업으로, 혹은 생계의 수단의 하나로 택한 과학 활동이라고 거기서 나온 업적을 낮춰볼 이유는 없다. 과학자는 과학이라는 활동을 자기 삶의 가치로 삼는 사람이며, 그것으로 기쁨을 얻고, 좌절하며, 또 그것으로 생계를 삼는 사람이다.

사람의 기억에 오래 남는 과학자는 별로 없다

사람들에게 알고 있는 과학자의 이름을 대보라고 하면 몇 사람의 이름이나 나올까? 분명히 다들 아는, 뉴턴, 아인슈타인, 다윈 같은 과학자의 이름이 나올 것이고, 그밖에 몇몇 '위대한' 과학자의 이름이 떠오를 것이다. 어쩌면 마리 퀴리? 어쩌면 라부아지에? 어쩌면 왓슨과 크릭? 그 밖에는? 그리고 거기에 우리나라 과학자는 몇 명이나 들어 있을까?

끝도 없이 과학자의 이름을 떠올릴 사람도 있겠지만, 아마 대부분은 몇 명의 이름을 대다 그만 막혀 버릴 것이다. 지금까지 과학이라는 거대한 탑을 쌓는 데 크게 기여한 과학자는 정말 많을 것이고, 그들의 그런 활동 덕분에 우리는 많은 혜택을 보며 살아가고 있지만, 소수의 몇몇 과학자 외에 대부분의 사람들은 과학자의 이름을 기억하지 못한다. 그들이 구체적으로 무엇을 했는지, 어떻게 그런 업적을 남기게 되었는지 대해서는 더욱 관심이 없다.

그렇다면 다음 사람들의 이름은 어떤가?

알렉산더 플레밍

파울 에를리히

게르하르트 도마크

하워드 플로리

언스트 체인

셀먼 왁스먼

도러시 호지킨

    아마 몇 사람은 알 수 있지 않을까 싶다. 특히 플레밍은 많이들 알고 있을 것이다. 비슷한 분야에서 일하거나 관심이 있는 사람이라면 이들 모두를 알 수도 있을 것이다. 공통점을 하나 들라면, 모두 자신의 분야에서 최고 영예인 노벨상을 받았다. 공통점이 하나 더 있다. 모두 항생제에 관한 업적을 남겼다. 하지만 안타깝게도 나는 많은 사람들이 플레밍에서 그 기억이 멈출 거라 생각한다. 그래도 이들은 여러 매체에서 종종 언급되기도 하고, 마음만 먹으면 쉽게 검색할 수도 있는 사람들이다. 우리나라에서는 단 한 명도 받지 못한 과학 분야의 노벨상을 받지 않았는가? 이름을 기억하지 못한다 하더라도 많은 사람이 부러워하고 우러러볼 만한 업적을 남겼고, 또 후세의 많은 사람들이 그들의 덕을 보고 살아간다. 비록 기억에 오래 남는 과학자가 아닐지라도 적어도 역사에 한 획을 그은 과학자라는 사실만큼은 분명하다. 그리고 어떤 사람들은 이들을 특별히 '항생제의 영웅' 혹은 '항생제의 거인'이라고 부르기도 한다.

항생제의 거인, 항생제의 영웅도 기억 못 하는데

그렇다면 다음의 이름은 어떤가?

에르네스트 뒤셴, 알프레드 베르트하임, 하타 사하치로, 요제프 클라러, 프리츠 미치, 노먼 히틀리, 에드워드 에이브러햄, 가이 뉴턴, 앨버트 샤츠, 주세페 브로추, 게오르기 가우제, 엘리자베스 버기, 마티에드나 존슨, 밀드레드 렙스톡, 아벨라르도 아귈라, 에드먼드 콘펠드, 다니엘 보베, 벤저민 더거, 피에로 센시, 조지 레셔, 엘리자베스 헤이즌, 레이첼 브라운

어쩌면 극적으로 이 이름 가운데 몇몇은 들어보았거나 알고 있을지도 모르겠다. 하지만 대부분은 아마 처음 듣는 이름일 것이다. 어디선가 언급한 것을 보거나 들었더라도 기억이 또렷하지는 않을 것이다.

우선 이들 역시 항생제 개발에서 꽤나 중요한 일을 한 사람들이다. 이 중에는 큰 영예를 얻고 높은 지위에 오른 사람도 있지만(다니엘 보베, 에드먼드 콘펠드, 벤저민 더거, 피에로 센시), 오랫동안 업적이 알려지지 않은 사람도 있고(에르네스트 뒤셴), 철저하게 자신의 업적을 외면당한 사람도 있다(아벨라르도 아귈라, 앨버트 샤츠).

중요한 일을 했는데도 지위나 역할 때문에 평가를 제대로 받지 못한 사람도 있고(알프레드 베르트하임, 하타 사하치로, 요제프 클라러, 프리츠 미치, 노먼 히틀리), 단지 여성이라는 이유로 잊힌 이도 있다(엘리자베스 버기, 마티에드나 존슨, 밀드레드 렙스톡). 아니면 그냥 그 이름이 잘 알려지지 않았던 이도 있다(주세페 브로추, 게오르기 가우제, 에드워드 에이브러햄).

나는 항생제와 항생제 내성에 관한 공부를 하면서 논문이나 책에 잠깐 등장하고는 다시는 잘 나오지 않는, 그래서 누구도 불러주지 않는 이들이 어떤 사람들인지 궁금했다. 어떤 일을 했기에 이들의 이름이 나오는지, 그런데 왜 잊혀졌는지, 그런 것이 머리에 맴돌았다. 그들 중 몇몇은 그래도 꽤 아는 편이었지만, 대부분은 그냥 이름과 연구 외에는 아는 게 없었다. 오래전부터 그들을 알리고 싶었다. 그렇게 관심을 갖다 보니 훨씬 많은 이들이 숨어 있다는 걸 알게 되었다. 그리고 이제 '항생제의 영웅', '항생제의 거인'과 함께 그들도 기억해야 할 이유가 충분하다고 생각했고, 그들의 역할과 업적을 항생제 발견의 역사에 제대로 자리매김하고 싶었다. 그건 항생제 발견의 역사를 온전하게 드러내는 일이기도 했다.

시약병 꼬리표에 붙은 항생제의 진짜 역사

들판에는 커다란 나무도 있고, 화려한 꽃도 있지만, 이름이 알려지지 않은 수많은 작은 꽃들이 있고, 이른바 잡초라 불리는 식물은 그보다 훨씬 더 많다. 누군가는 화려한 꽃을 찍어 사진으로 보관하겠지만, 나는 밝게 빛나는 그 꽃 주변의 고요하면서도 치열하고, 넉넉하면서도 치사한 풍경을 함께 보여주고 싶었다. 항생제 발견의 역사는 몇몇 스타 과학자의 영웅 서사가 아니라, 다양한 곳에서 활약한 수많은 과학자와 주변의 온갖 사람들이 얽혀 있는 다채롭고, 일상적이고, 연속적인 이야기일 때 한층 더 실제에 가깝고 가치 있는 역사가 될 것이라고 생각했다. 나는 그 모습을 조금이나마 복원하고 싶었다.

그런데 이런 생각도 들었다. 앞에서 이름을 나열한 사람들에 대한 자료를 찾고 정리하면서 문득, 이들은 그래도 기억해 주는 나 같은 사람이 있다는 생각이 들었다. '잊혀진 과학자들'이라고 했지만, 그래도 이들은 이렇게 기억해주는 사람이 있는 '행복한 과학자들'이 아닌가? 아무리 빈약하더라도, 그래도 어디선가는 기록을 찾을 수 있는 이들이 아닌가? 정작 내가 찾고 싶었던 사람들은 에를리히의 실험실에서, 도마크의 공장에서, 옥스퍼드의 연구실에서, 거대 제약회사의 연구소에서 여러 타이틀을 달고 일하면서, 그래서 살바르산, 설파제, 페니실린, 반코마이신 개발에 조금이나마 그러나 반드시 필요한 기여를 한 사람들이었다. 하지만 어디서도 그들이 어떤 사람이었는지, 어떻게 살다 갔는지 찾을 수는 없었다. 찾을 수가 없으니 여기에 쓸 수도 없었다. 아마 '과학'을 '업'으로 하는 많은 사람들이 그런 운명을 가질 것이다. 나 또한 크게 다르지 않을지 모른다. 이들은 모두 '잊힌 과학자'일지 모르겠지만, 결코 '의미 없는 과학자'는 아니었다. 나는 과학에 기여한 더 많은 과학자가 과학의 역사에 기록되고 기억되고 인정받기를 바란다.

그런 의미에서 종종 나보다 더 많은 일을 했는데도 나보다 인정받지 못하는, 나와 함께 했던 모든 연구원과 학생들을 기억하고 싶다. 내가 연구를 하며 한 걸음, 아니 반걸음이라도 내디디며 여기까지 올 수 있었던 것은 모두 그들 덕분이다. 여기 이 글은 나의 소망, 나의 호소이기도 하지만, 그들에 대한 감사이기도 하다. 그들의 이름을 나지막이 불러본다.

강유리, 김대훈, 김선주, 김소연, 김연홍, 김지홍, 김현근, 김혜미, 나인영, 미치드마랄, 박설희, 박수연, 박영경, 백미숙, 백진양, 서준규, 서지연, 신종현, 신주연, 이미영, 이지영, 이해정, 정은선, 조윤영, 조정우, 최유진, 최지영, 최지현, 한희원, 홍윤경.

History of
Antibiotics

1

항생제를
발견하다

1장

페니실린은
누가 발견했는가

최초의 항생물질 페니실린의 발견

에르네스트 뒤셴

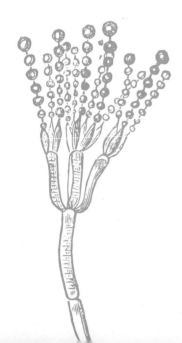

1912년 4월, 프랑스 남부의 시골 요양원

에르네스트 뒤셴은 결국 한적한 시골 요양원으로 내려왔다. 서른일곱, 세상을 떠나기엔 아직 이른 나이지만, 결핵이 그를 이곳으로 보냈다. 몇 년 전 아내를 앗아간 병도 결핵이었다. 결핵약이 나오려면 아직 삼십 년을 넘게 기다려야 했으니, 지금은 깨끗한 공기를 마시며 요양하는 것밖에는 도리가 없었다. 그는 삶의 끝을 예감했다. 그 순간 뒤셴은 어쩌면 십여 년 전의 일을 회상했을지도 모른다. 푸릇하던 젊은 시절의 발견과 야망에 대해.

봄이지만 피레네산맥에는 아직 눈이 쌓여 있었다. 산속의 맑은 공기가 폐를 깨끗이 해줄 거란 일말의 기대는 있었지만, 그게 요행이라는 건 이미 알고 있었다. 내 폐를 세균이 갉아먹고 있다는 건 삼십 년 전에 코흐가 이미 발견했다. 무엇이 문제라는 것만 알았을 뿐, 치료법은 아직 없다. 팔년 전 속절없이 아내를 떠나 보낸 것도 바로 이 병 때문이었다. 아, 그때 나는 얼마나 슬펐고, 얼마나 절망스러웠나. 결국 나도 그 길을 따라가고 있다.

혹시 그게 해결책이었을지도 모른다. 내가 의대생 시절 발견했던 그것 말이다. 나는 세균을 없애는 곰팡이를 보았다. 푸른색을 띤 그 곰팡이는 기니피그에서 대장균도 없앴고, 무시무시한 장티푸스균도 없앴다. 내가 생각해도 놀라운 발견이었다. 이 곰팡이라면 감염병을 치료할 수 있을 거라고 생각했다. 수개월 동안 밤낮없이 책을 뒤지고, 실험에 몰두했다. 그때는 내가 대단한 발견을 했다고 생각했고, 인류에게 커다란 선물을 줄 수 있을 거라는 자신감이 가득 했다. 그 시절의 흥분이 눈에 선하고 그 날의 설렘이 그립다.

하지만 그게 전부였다. 내 논문은 누구도 거들떠보지 않았다. 난 그저 일개 의대생이었고, 지도 교수가 지원을 해주었지만, 큰 도움은 되지 않았다. 나도 내 살길을 찾아야 했고, 그래서 군의관이 되었다. 그런데 아내를 결핵으로 보내고, 나도 똑같은 병에 걸리고 보니 후회가 밀려온다. 어쩌면 그 연구가 나와 내 아내를 살렸을지도 모른다. 그 푸른곰팡이가 내 폐의 결핵균을 없앨 수 있지 않았을까? 이제는 다 지난 일이다. 누군가 컴컴한 서고에서 잠자는 내 논문을 찾아 읽고 영감을 얻어 못다 한 나의 연구를 이어갈지는 모르겠다. 그리고 언젠가 많은 사람을 살릴 방법을 찾아낼는지도 모른다. 그렇지만 그 누군가가 내가 아닌 것은 분명하다.

푸른곰팡이는 원래 약이었다

　SF 소설가 아이작 아시모프는 과학적 발견의 순간에 대한 진실을 밝힌 바 있다. 그는 과학자가 뭔가 새로운 발견을 했다는 신호는, "유레카!"라는 외침이 아니라 "이거 이상한데…"라는 혼잣말이라고 했다. 알렉산더 플레밍Alexander Fleming, 1881~1955이 페니실린을 발견한 과정에 관한 전설 같은 이야기는 '뜻밖의 발견'이라고 전해 온다.[i] 1928년 오랜 휴가에서 연구실로 돌아온 날도 그랬을 것이다.

　인류가 감염병과 싸울 수 있는 첫 무기로 평가받는 약이 페니실린이다. 항균 작용을 하는 라이소자임lysozyme을 가장 먼저 발견한 사람이 플레밍이었으니, 우연한 상황이든 계획적 연구였든 곰팡이 주변에 황색포도상구균이 자라지 않는 것을 본 그라면 곰팡이에서 세균을 없앨 수 있는 물질이 나온다는 생각을 쉽게 떠올릴 수 있었을 것이다. 그렇게 보면 플레밍의 페니실린 발견을 단순한 우연이라고 볼 수는 없다. 다만 플레밍이 미생물 사이의 길항 작용 antagonism[ii]을 이용해 감염 치료의 가능성을 간파한 첫 번째 인물

---

[i] 플레밍이 푸른곰팡이가 황색포도상구균의 생장을 억제하는 현상을 발견했다는 사실에 대해서는 데이비드 윌슨의 《페니실린을 찾아서》에서 자세히 다루고 있다.

은 아니라고 할 수 있다. 푸른곰팡이*Penicillium*가 항균 작용을 한다는 사실은 이미 오래전부터 많은 사람들에게 경험적으로 관찰되고 있었기 때문이다.

아주 오래전으로 시선을 돌리면 고대 그리스와 인도에서 곰팡이를 감염 치료에 썼다는 기록이 있다. 세르비아에서는 곰팡이가 슨 빵으로 부상이나 감염을 치료하기도 했고, 러시아 농민들은 감염된 상처 부위에 따뜻한 흙을 덮어 치료하기도 했다. 폴란드에선 거미줄을 섞은 젖은 빵(아마 거미줄에 곰팡이 포자가 있었을 것이다)을 상처 치료에 이용했다는 기록이 있다.

근대에 들어와서도 곰팡이를 이용해 세균 감염을 치료한 시도가 여러 차례 등장한다. 1870년대에 영국의 생리학자 존 버든-샌더슨은 곰팡이가 들어 있는 액체 배양액에서 세균이 자라지 않는 것을 관찰했다. 버든-샌더슨의 관찰 결과는 감염을 막기 위해 석탄산으로 의료 기구와 손을 소독하자고 주장한 조지프 리스터에게 알려졌고, 그는 곰팡이에 오염된 오줌 샘플이 세균의 생장을 억제하는지 알아보기도 했다. 그는 또한 페니실륨 글라우쿰*Penicillium glaucum*이라는 곰팡이가 사람의 피부에서 항균 작용을 한다는 메모까지 남겼다(이 곰팡이를 '푸른곰팡이'라고 할 수 있을는지에 대해서

---

ii 길항 작용이란 어떤 현상에 상반되는 두 가지 요인이 동시에 작용해 서로 효과를 상쇄하는 것을 말한다. 대표적으로 교감신경과 부교감신경의 작용을 들 수 있는데, 교감신경이 심장 박동을 촉진한다면, 부교감신경은 이를 억제한다. 약물의 경우에는, 투여한 약물이 다른 약물의 존재로 인해 작용의 일부 혹은 전부가 감소하는 것을 말한다.

는 뒤에서 논의한다). 비록 정식 논문이 아니라 환자의 기록장에 적힌 것이긴 하지만, 리스터는 1884년에 그 곰팡이로 농양을 치료하기도 했다. 이때 리스터가 이용한 푸른곰팡이는 페니실린이 아니라 파툴린patulin이라고 하는 효과가 약한 항생제를 만든 것으로 보고 있다. 이후로도 영국에서는 토머스 헉슬리와 존 틴들, 윌리엄 로버츠 같은 이들이 푸른곰팡이의 항균 작용을 관찰하고 보고했다.

프랑스에서는 19세기 후반 루이 파스퇴르와 쥘 주베르가 공기 중의 미생물이 오줌에 있는 탄저균의 생장을 억제하는 것을 관찰했다. 이 관찰 결과를 바탕으로 파스퇴르는 "한 생물이 다른 생물의 생장을 억제하고 방해할 수 있다"는 생물 사이의 길항 작용을 정확히 표현하기도 했다. 이후에 플레밍과 공동으로 노벨상을 받은 하워드 플로리와 결핵 항생제인 스트렙토마이신을 발견한 셀먼 왁스먼 모두 항균 작용에 대한 의미 있는 첫 번째 연구가 파스퇴르와 주베르에서 비롯되었다는 것을 인정하기도 했다.

이렇게 고대부터 근대에 이르기까지 곰팡이가 세균의 생장을 억제한다는 사실이 많은 사람들에게 알려졌지만, 어느 누구도 자신들의 관찰을 본격적인 연구로 발전시키지 않았다. 그런데 한 사람, 누구보다 플레밍의 업적에 다가갔던 이가 있었다. 바로 플레밍보다 32년 먼저 푸른곰팡이로 세균 감염을 치료할 수 있을 것이라는 사실을 논문으로 발표한 프랑스의 의과대학생, 에르네스트 뒤셴Ernest Duchesne, 1874~1912이다.

뒤셴, 푸른곰팡이를 연구하다

에르네스트 뒤셴은 1874년 6월 30일 프랑스 파리에서 태어났다. 그의 아버지가 무두질 공장을 운영하던 기술자였는데, 연줄이 쐐 있었던지 현재도 사용하는 결핵 백신인 BCG의 공동 발명자 알베르 칼메트(BCG는 Bacille Calmette-Guérin의 약자다)의 도움을 받아 1894년 리옹의 군의과대학에 입학할 수 있었다. 1897년에 학위를 받고 졸업하면서 의사 자격을 얻었다. 파리의 육군병원에서 1년간 인턴으로 있다가, 1899년에는 상리스에 있는 경비병 제2연대에 내과 의사로 군의관이 되었다. 1901년에 로사 라살라와 결혼해서 가정을 이루었지만, 로사는 2년 만에 결핵에 걸려 죽고 말았다. 1904년 그도 결핵에 걸렸고, 프랑스 남부와 스위스의 여러 병원과 요양원을 전전하다 1912년에 사망했다. 그의 나이 겨우 37살이었다.

그가 1897년에 제출한 학위 논문은 곰팡이와 미생물 사이의 길항 작용에 관한 것이었다. 곰팡이가 항균 작용을 하며 이를 통해 감염을 치료할 수 있다는 내용이었다. 그는 학생 시절 가브리엘 루에게 많은 영향을 받았다. 리옹 의과대학의 미생물학 교수였던 루는 리옹에 공급되는 물의 수질을 감시하고 유지하는 실험실의 책임자이기도 했다. 그는 파스퇴르의 세균병인론을 받아들였고, 뒤셴도 이에 많은 영향을 받았다. 루는 물속에 존재하는 미생물 분석에 관한 책도 썼는데, 특히 곰팡이를 비롯한 균류fungi 전문가였다. 루는 공기 중에는 곰팡이 포자가 많이 존재하는데, 수돗물이나 분수대의 물에는 이 포자가 없고, 대신 증류수에서는 배양이 가능하다고 말했다. 루는 수돗물에 있는 어떤 미생물이 곰팡이를 파괴한다고 봤고, 뒤셴에게 학위 주제로 이 문제를 풀어볼 것을 권유했다. 이 문제는 기본적으로 1877년에 파스퇴르와 주베르가 제안한 미생물 사이 생존 경쟁의 개념과 관련이 있었는데, 루는 이것을 곰팡이와 세균 사이의 경쟁으로 전환한 것이었다. 뒤셴은 학위 논문에 루의 도움을 명시하며 고마워했지만, 이상하게도 루는 그 이후 뒤셴의 연구를 이어가지도 않았을 뿐 아니라, 한 번도 언급한 적이 없고 자신의 논문 리스트에도 포함시키지 않았다.

　　뒤셴이 곰팡이의 항균 작용을 연구하게 된 계기에 대해서는 다른 이야기도 전해진다. 그가 마구간에서 군마의 안장을 관리하는 아랍 출신의 소년들을 만나 이야기를 나누면서 푸른곰팡이 연구를 시작했다는 것이다. 소년들은 특이한 방식으로 안장을 관리했는데, 습기가 많고 어두운 곳에 안장을 보관해 안장 아래쪽에 의도적으로 곰팡이가 자라도록 했다. 말이 사람을 많이 태우면 안장에 등이 쓸리고 피부가 까져 고통스러운데, 이 곰팡이가 말의 통증을 완화시켜준다는 것이었다. 뒤셴이 여기서 아이디어를 얻어 푸른곰팡이 연구를 시작했다는 것이다. 플레밍의 페니실린 발견처럼 여기에서도 역시 극적인 요소가 눈길을 끈다.

　　어떤 계기로 푸른곰팡이에 관한 연구를 시작하게 되었든 뒤셴은 이 문제에 열정적으로 뛰어들었다. 먼저 연구의 기본인 미생물 사이의 생존 경쟁에 대해 공부했다. 시작은 찰스 다윈의 적자생존 개념이었다.[iii] 그리고 이 개념을 미생물에 적용한 파스퇴르와 주베르의 연구도 확인했다. 적자생존의 개념을 세균 감염에 대한 치료로 연결할 수 있을지도 궁리했다. 뒤셴은 또한 알베르 샤린과 레옹 기나르의 연구에 주목했는데, 그들은 한 미생물이 다른 미생물과의 경쟁에서 이기기 위해 독소(이는 결국 항생제인 셈이다)를 분비한다는 관찰을 발표한 적이 있었다.

그는 루의 실험에 사용된 곰팡이가 푸른곰팡이, 즉 페니실륨 *Penicillium*이란 걸 알아내서는,[iv] 이 곰팡이를 배양했다. 곰팡이 배양액을 수돗물과 증류수에 여러 농도로 희석해 섞어 배양하면서 곰팡이와 세균의 수가 어떻게 변하는지를 관찰했다. 그 결과는 루가 발견했던 것과 비슷했다. 증류수에서는 곰팡이 포자가 7일 동안 서서히 감소한 반면, 수돗물에서는 즉시 사라져 버렸다. 그는 이어 푸른곰팡이를 액체 배양했는데, 이틀 후 배양액의 표면에서 곰팡이 군락이 사라지는 것을 관찰했고, 6일 후에는 배양액에 당

iii 다윈의 《종의 기원》은 1859년에 영국에서 출판되었고, 프랑스어로는 1862년에 번역되었다. 다윈의 '생존 경쟁(struggle for life)'이라는 용어는 프랑스어 번역본에서는 'concurrence vitale'로 번역되었다. 뒤셴의 학위 논문, "미생물 사이의 생존 경쟁: 곰팡이와 세균의 길항 관계(Concurrence Vitale chez les Microorganisms: Antoganisme entre les Moisissures et les Microbes)"에 이 용어가 쓰였다.

iv *Penicillium glaucum*이라는 종으로 알려져 있다. 지금은 *Penicillium patulum*이나 *Penicillium expansum*라는 이름으로 불린다.

시 '에베르트의 장티푸스균Eberthella typhosa'이라고 불리던 살모넬라균을 넣었더니 배양액에서 곰팡이 포자가 없어진 것을 확인했다. 대장균(당시에는 라틴어로 *Bacterium coli communis*, 즉, '결장에 모여 사는 세균'으로 불렸다)을 이용했을 때도 비슷한 결과였다. 여기까지는 지금 우리가 아는 것과는 정반대의 상황인 것 같다. 우리가 알고 있기로는 푸른곰팡이가 세균을 죽이는 물질, 즉 항생제를 만들어 낸다고 알고 있는데, 여기까지의 실험 결과만을 보면 그와 반대의 결과처럼 보인다. 실제로 뒤셴은 여기까지의 결과를 가지고, 해롭지 않은 세균을 포도주나 다른 음식물에 첨가하면 곰팡이가 생기는 것을 방지할 수 있다고 제안하기도 했다.

그런데 뒤셴은 여기서 자신의 연구를 멈추지 않았다. 이번에는 이전과는 반대로 장티푸스균이나 대장균을 포함한 배지에 푸른곰팡이*Penicillium glaucum* 배양액을 처리했다. 이제는 곰팡이가 세균을 없애버렸다. 다음으로는 대장균이나 장티푸스균을 기니피그에 접종했더니 기니피그가 24시간 이내에 죽는 것을 확인했다. 그러고 장티푸스균이나 대장균을 푸른곰팡이가 포함된 배지에 섞어 기니피그에게 접종했다. 기니피그는 처음에는 심하게 아팠으나 죽지 않고 살아났다. 이후 살아난 기니피그에 다시 혼합 배양액을 주입하거나 세균 배양액만 주입했는데도, 기니피그는 처음부터 아프지 않았다. 세균에 대한 면역력까지 획득한 것이었다.

그는 일련의 추가 실험을 통해 푸른곰팡이가 장티푸스균과 대장균을 사멸시킬 수 있다는 결론을 내렸다. 그는 일부 세균이 그렇

에르네스트 뒤셴(왼쪽)과 그의 학위 논문 표지

FACULTÉ DE MÉDECINE ET DE PHARMACIE DE LYON
Année scolaire 1897-98. — N° 59.

CONTRIBUTION A L'ÉTUDE

DE LA

CONCURRENCE VITALE

CHEZ LES MICROORGANISMES

Antagonisme entre les Moisissures et les Microbes

THÈSE

PRÉSENTÉE
A LA FACULTÉ DE MÉDECINE ET DE PHARMACIE DE LYON
Et soutenue publiquement le 17 Décembre 1897
POUR OBTENIR LE GRADE DE DOCTEUR EN MÉDECINE

PAR

Ernest DUCHESNE

Né le 30 mai 1874, à Paris (Seine),
Élève de l'École du Service de Santé Militaire.

LYON
ALEXANDRE REY, IMPRIMEUR DE LA FACULTÉ DE MÉDECINE
4, RUE GENTIL, 4

Décembre 1897

듯이 곰팡이도 독소를 분비한다고 여겼다. 물론 그렇게 간단하게 만 생각한 것은 아니었다. 배양액의 화학적, 물리적 특성, 경쟁하는 세균의 숫자, 저항성, 생식 속도 등이 영향을 미칠 것이란 걸 지적 하기도 했다. 뒤셴은 마침내 이와 같은 실험 결과와 논의에 기초해 감염 치료를 위해 곰팡이를 배양한 배지를 이용할 것을 제안했다.

이렇게 그는 푸른곰팡이가 세균 감염을 치료할 수 있다는 것 을 보였는데 여기서 그만둘 수는 없었다. 추가 연구가 필요했고, 프랑스 파리에는 당시 세계 최고의 미생물 연구소가 있었다. 뒤셴 은 추가 연구를 위한 지원을 받기 위해 학위 논문을 파스퇴르 연구 소로 보냈다. 하지만 파스퇴르 연구소는 뒤셴의 학위 논문을 접수 조차 하지 않았는데, 완벽히 무명에 가까운 겨우 23살 학생의 논문 이라 거들떠보지도 않았던 것으로 보인다. 어쩌면 요새 별로 유명 하지 않은 연구자가 논문을 유명 과학잡지에 투고했을 때 벌어지 는 일과 유사한 상황이라 할 수 있다. 결국 그는 학위 논문 외에 다 른 어떤 곳에 논문을 발표하지도 않았고, 군대에서도 추가 연구를 할 수 있는 상황은 아니었다. 더 이상의 연구는 할 수 없었다.

이후 뒤셴은 군의관으로 활동하다, 서른일곱의 젊은 나이에 세상을 떴다. 그리고 오랫동안 뒤셴의 연구는 잊혔다.

재발견된 뒤셴의 연구

그러다 뒤셴이라는 이름이 다시 오르내리고 그의 업적이 빛을 보기 시작한 것은 프랑스의 보건부 장관을 역임했던 변호사 출신의 정치인 쥐스탱 고다르에 의해서였다. 그는 '푸른곰팡이의 항생 작용을 밝힌 프랑스 출신의 선구자'라는 발표를 통해 뒤셴을 되살려냈다. 고다르는 '선구자forerunner'라는 표현을 사용했는데, 시간이 지나면서 뒤셴에게 페니실린을 발견한 최초의 인물이라는 영예가 주어져야 한다는 주장까지 나오게 되었다.

그 후 뒤셴이 페니실린 발견의 영예를 가져가야 한다는 주장이 다양한 매체를 통해 제기되었다. 처음에는 프랑스의 신문이나 잡지를 중심으로 해당 주장이 이어졌지만, 지금은 페니실린을 이야기하면서 뒤셴을 언급하는 것이 당연해진 모습이다. 뒤셴이 플레밍에 앞서 페니실린을 '발견'했다는 주장들 중에는 단순히 '그렇게 볼 수도 있다' 수준의 것도 있지만, 어떤 경우에는 전문 잡지에 논쟁적인 글로 실리기도 한다. 플레밍은 단순히 페니실린을 재발견한 것이라고 단정하는 주장이 나오기도 하고, 《랜싯》에 실린한 논문(Duckett, 1999)에서는 뒤셴을 "항생제의 아버지the Father of Antibiotics"라고 부르는 경우까지 있었다.

뒤셴이 태어난 지 100년이 되는 1974년에는 모나코에서 푸

뒤셴 탄생 100주년인 1974년에 그의 업적을 기념하여 모나코에서 발행한 우표

른곰팡이와 뒤셴의 모습을 나란히 넣은 우표가 발행되기도 했다. 이 우표에 다른 설명은 없지만, 뒤셴이 푸른곰팡이로 뭔가를 해 냈다는 인상을 주기에는 충분했다. 현재 구글에서 Duchesne과 penicillin을 연관 검색어로 검색해 보면 (중복된 것을 포함해서) 약 48,000개의 문서가 나온다(2023년 8월 기준).

페니실린을 최초의 항생제라고 하는 이유

일반적으로 페니실린을 최초의 항생제antibiotics라고 한다. 그 런데 여기에는 약간의 설명이 필요하다. 세균을 죽일 수 있는 모든 물질, 혹은 최소한 치료제로 사용할 수 있는 물질을 항생제라고 한 다면, 플레밍의 페니실린 이전에 파울 에를리히가 찾아낸 살바르 산도 있고, 게르하르트 도마크가 개발한 설폰아마이드sulfonamide 성분의 프론토실도 있다. 매독 치료제인 살바르산은 비소에 기반 한, 따지자면 독약에 가까운, 그래서 지금은 쓰이지 않는 약물이라 제외한다 해도, 설폰아마이드는 지금도 감염 치료에 쓰이는 약물 이고, 이 업적으로 도마크는 노벨상에 지명되기도 했다.[v] 도마크

---

[v] 도마크는 1939년에 노벨 생리의학상 수상자로 지명되었지만, 당시 나치의 강요로 노벨상 을 거부해야만 했다. 노벨상은 전쟁이 끝나고 1947년이 되어서야 받았다. 그래서 도마크의 1939년 노벨상에 대해 '수상' 대신 '지명'이라는 표현을 썼다.

의 프론토실이 세균 감염에 효과가 있다는 것은 페니실린이 발견된 이후에 밝혀졌지만, 감염 치료제로는 프론토실이 페니실린보다 먼저 사용되었다. 그래서 노벨상도 도마크가 플레밍보다 먼저 받은 것이다. 그런데도 최초의 항생제라고 하면 거의 다 페니실린을 지목한다.

이에 대한 궁금증을 해결하기 위해서는 어떤 것을 항생제라고 하는지 명확히 할 필요가 있다. 우선 항생제antibiotics와 항균제 antimicrobial agents를 구분하기도 하는데, 엄밀하게 말하면 세균을 죽이는 약제라는 의미에서 항생제는 항균제를 가리킨다. 하지만 보통은 이 둘을 구분하지 않고 그냥 항생제라고 부른다. 어찌 되었든 항생제가 무엇이냐고 묻는다면, 일반적으로 "세균과 같은 미생물을 파괴하는 물질"이라고 답할 수 있다. 그런데 좀 더 명확한 정의를 찾아보면, "살아 있는 생물에서 생산된 것으로 다른 미생물을 죽이는 화학 물질"(브리태니커 백과사전), "미생물이 만들어 내는 항생물질로 된 약제"(표준국어대사전)라고 되어 있다. 그러니까 항생제란 단순히 세균을 죽이거나, 세균 감염을 치료하는 약물이 아니라, 곰팡이든 세균이든 생물이 만들어 내는 물질을 일컫는 것이다. 에를리히의 살바르산이나 도마크의 프론토실은 생명체가 다른 생물과 경쟁하기 위해 만들어 낸 물질이 아니라 사람이 새로 합성한 화학 물질이기 때문에 엄격한 의미에서 항생제는 아닌 셈이다.

1940년대에서 1960년대까지 항생제 개발의 초기에는 생물에서 항생제를 찾는 데 주력했지만, 지금은 화학적으로 합성한 항생제가 월등히 많다. 이제는 예전 항생제의 정의를 따지는 것이 무의미해졌다. 거기에 더해 페니실린의 막강한 효과도 한몫했다. 살바르산이 대체로 매독에만 효과가 있었던 데 반해, 페니실린은 매독은 물론, 임질, 산욕열, 패혈증, 류머티스열, 뇌막염, 성홍열, 가스 괴저, 탄저병, 파상풍, 폐렴, 디프테리아 등 거의 모든 감염병에 효과를 보였다. 물론 지금은 항생제 내성 때문에 효과를 장담할 수 없거나 효과가 거의 없는 세균 감염증도 있지만, 그래도 여전히 페니실린의 효력은 대단하다. 어쨌든 그렇게 원래의 정의에 따라, 그리고 엄청난 효과가 있는 페니실린을 최초의 항생제로 받아들이는 것은 당연한 일일 수밖에 없다.

페니실린을 보통 베타-락탐beta-lactam 계열의 항생제라고 한다. 화학 구조상 베타-락탐 고리를 가지고 있어 붙여진 이름인데, 여기에는 페니실린 말고도 세팔로스포린, 카바페넴, 모노박탐 계열의 항생제가 포함된다. 그림에서 보듯 아미노기-NH_2를 포함한 사각형 고리가 베타-락탐인데, 이 구조는 쉽게 풀릴 수가 있어 불안정하다. 이런 불안정성 때문에 플레밍은 물론 플로리도 개발 초기에 꽤 고생을 했다. 베타-락탐 고리와 연결된 오각형 고리에는 황이 포함되어 있는데, 이것을 티아졸리딘 고리thiazolidine ring라고 한다.

페니실린은 세균의 세포벽을 공격한다. 세포벽이 없는 동물에게는 효과가 없다. 그래서 페니실린은 세균만 죽이고 사람에게는 부작용이 적다.

페니실린 G의 구조. 자연적으로 추출한 페니실린 화합물은 많지만, 의료용으로는
페니실린 G와 페니실린 V가 사용된다.

사실 현재까지도 페니실린이 세균을 어떻게 죽이는지 모든 것이 밝혀지지 않았다. 아직 모르는 것이 적지 않지만 그래도 보통 다음과 같이 페니실린의 작용을 설명한다. 페니실린이 페니실린-결합 단백질penicillin-binding protein, PBP에 결합해 세균의 세포벽의 합성을 막는다는 것이다. 페니실린이 페니실린 결합 단백질에 결합한다니, 동어반복이고 중언부언이다. 사정은 이렇다. 연구자들이 페니실린이 세균에서 어떤 작용을 하는지 알아봤더니 어떤 단백질에 결합하는 것을 알게 되었다. 그래서 그 단백질에 그냥 그런 이름을 그렇게 붙인 것이다. 지극히 인간 중심적인(?) 이름인 셈이다. 그렇다면 세균 입장에서 이 단백질은 무슨 일을 할까? 이 단백질은 세균 세포벽의 주성분인 펩티도글리칸peptidoglycan의 사슬이 교차 결합하는 데 관여하는데, 펩타이드가 결합할 수 있게 전달하는 역할을 한다. 펩타이드 전달효소transpeptidase다. 페니실린이 이 효소에 결합해 기능을 막으면 펩티도글리칸의 합성이 제대로 이뤄지지 않아, 세포벽 합성도 저해되는 것이다. 세포벽이 안 만들어지면 세균은 결국 죽고 만다.

플레밍은 페니실린이 세균을 어떻게 죽이는지 알지 못했고, 이후에 페니실린을 치료제로 개발한 플로리와 체인, 히틀리 역시 마찬가지였다. 페니실린이 발견되고, 약으로 개발되어 많은 환자를 살려내고도 한참 후인 1965년이 되어서야 잭 스트로밍거와 도널드 티퍼가 페니실린이 세균을 죽이는 위와 같은 메커니즘을 밝혀냈다.

그럼 페니실린을 가장 먼저 찾은 사람은 누구인가

플레밍은 푸른곰팡이가 황색포도상구균을 죽이는 것을 확인하고는, 푸른곰팡이를 액체 배양하여 활성을 가진 물질, 즉, 페니실린을 분리하기 위해 애를 썼지만 실패했다. 하지만 플레밍은 푸른곰팡이가 만들어 내는 어떤 물질에 의해 세균이 사멸하는 것을 봤고, 그 물질의 이름을 페니실린이라고 짓기까지 했다. 많은 사람이 그가 곧 페니실린에 대한 흥미를 잃고, 더 이상 연구를 이어가지 않았다고 알고 있지만, 실제로 완전히 중단한 것은 아니었다. 최소한 1930년대 초반까지는 페니실린의 효과에 대한 관심이 여전했고, 페니실린의 용도로 페니실린에 감수성이 있는 황색포도상구균과 그렇지 않은 세균을 구분하는 데 활용할 수 있을 것이라고 제시하기도 했다.

그리고 제자인 세실 페인은 졸업 후에도 플레밍과 연락을 취하며 푸른곰팡이 배양액을 얻어 추출물을 안과 질환을 치료하는 데 사용하기도 했다. 플레밍의 발견이 있은 지 십년 후 옥스퍼드의 플로리가 미생물 사이의 길항 작용을 이용해 감염병 치료제를 개발하고자 했을 때, 여러 후보물질 중에서 특히 페니실린에 관심을 가지게 된 데에도 페인의 역할이 있지 않을까 여겨지기도 한다. 플로리가 옥스퍼드로 옮기기 전 셰필드 대학에 있었는데, 바로 그때 안과 질환을 치료하는 데 푸른곰팡이 추출액을 시도했던 페인도 마침 그곳에 있었다.

결국 옥스퍼드 팀은 푸른곰팡이 배양액에서 항균 성분을 추출하는 데 성공하는데, 여기에는 플레밍에게 없는 것이 있었다. 바로 언스트 체인을 비롯한 여러 과학자의 생화학 지식과 경험이었다. 플레밍이 거의 단독으로 연구를 수행했다면, 옥스퍼드 팀은 플로리를 중심으로 체인을 비롯한 다양한 분야의 전문가들이 팀을 만들어 연구했다. 그렇게 페니실린을 순수 분리하는 데 성공했고, 동물 실험을 했으며, 환자에게도 투여할 수 있었다. 마침내 미국의 관련 기관, 제약회사와 협력하여 대량 생산하는 데도 성공해 수많은 사람의 목숨을 살릴 수 있었다.

그러나 뒤셴은 푸른곰팡이가 동물을 보호할 수 있다고 했지, 곰팡이가 항생물질을 만들어 낸다고 주장하지 않았다. 이것은 매우 중요한 지점이다. 뒤셴이 추가로 연구할 기회가 있었다면 더 근접할 수 있었고, 마침내는 페니실린, 혹은 다른 이름이 붙었을지 모를 항생물질을 찾아낼 수 있었을지도 모르지만, 그는 그러지를 못했다. 그가 한 것은 푸른곰팡이를 이용하여 감염병을 치료할 수 있다는 가능성을 발견한 것뿐이었다. 물론 그는 이전의 관찰자보다 많이 전진했다. 단순히 관찰만 한 것도 아니었고, 당시 기준으로도 상당히 정교한 실험을 통해 증명해 냈다. 하지만 거기까지였다. 푸른곰팡이가 만들어 내는 물질은 생각하지 못했다.

사실 뒤셴보다 언급이 덜 되기는 하지만, 뒤셴 외에도 푸른곰팡이의 항균 작용에 대해 상당한 수준의 연구를 진행한 과학자들이 있었다. 뒤센보다 이른 1887년에 스위스의 의사 칼 가레는 젤라틴을 넣은 배지에서 곰팡이로 세균의 생장을 억제하는 방법을 고안했고, 1895년에는 이탈리아의 의사 빈센초 티베리오는 우물에서 발견한 곰팡이에 관한 연구를 발표하면서 곰팡이에 항균 작용을 하는 물질이 있다는 결론을 내리기도 했다. 플레밍이 페니실린을 발견하기 몇 년 전인 1924년에는 벨기에의 안드레 그라치아와 사라 다스가 플레밍이 관찰한 것과 거의 비슷하게, 죽어 있는 황색포도상구균이 곰팡이에 오염되어 있는 것을 발견하기도 했다. 여기서 그치지 않고, 그들은 녹농균, 결핵균, 대장균, 탄저균에 대해서도 실험했고, 이렇게 세균을 죽이는 물질을 '곰팡이'를 뜻하는 'myco-'와 '용해시키는'을 의미하는 'lytic-'을 결합해 '곰팡이 살인자mycolysate'라고 부르기도 했다. 이렇게 본다면 플레밍을 대신해 페니실린 발견의 영예를 받아야 할 사람은 무척 많아진다.

영국 러프버러 대학의 미생물 공학자이면서 과학사를 연구하는 길버트 샤마는 과학에서는 "무언가 있다that something is"는 것을 알아내는 것보다 "그것이 무엇인지what it is"를 알아내는 것이 중요하다는 토머스 쿤의 해석을 인용하면서, '과학에서 어떤 발견이 진짜 중요한 것이냐'는 페니실린에도 마찬가지로 적용되어야 한다고 주장한다. 즉, 페니실린 발견의 영예는 의심할 여지 없이 플레밍의 것이며, 뒤센이 그 영예를 빼앗겼고 이제 그에게 영광을 돌려줘야 한다는 주장은 과도하거나 조금 더 심하게 말하면 어불성설이라는 것이다. 그리고 과학사를 살펴보면, 단순히 시기적으로 무엇을 가장 먼저 발견하거나 만들었다는 '글자 그대로의 최초'보다는, 그 발견의 파급력이 실제로 어디에서 비롯되었는지를 따져 인정하는 경우가 대부분이다. 뒤셴이 플레밍보다 푸른곰팡이의 항균 작용을 먼저 발견했는지는 몰라도 (물론 앞에서 살펴본 대로 푸른곰팡이의 항균 작용을 관찰한 것은 역사적으로 한참을 더 거슬러 올라갈 수 있지만), 실제 항생제로 개발하는 데 바탕이 된 것은 플레밍의 논문이었다는 것은 부인할 수 없는 사실이다.

뒤셴은 진짜 '푸른곰팡이'로 실험했을까

사실 뒤셴이 사용한 푸른곰팡이의 정체가 무엇인지도 궁금하다. 플레밍과 뒤셴이 모두 푸른곰팡이를 이용했다고 하는데, 그것은 정말 같은 것일까? 뒤셴의 논문에는 자신의 균주가 어디에서 온 것인지 밝히지 않았고, 그 균주를 제3자가 확인할 수 있는 어떤 곳에도 기탁하지 않았다. 사실 그럴 수밖에 없었던 것이 당시에는 지금과 달리, 균주를 기탁 받아 보관하는 기관 자체가 없었다. 그러므로 뒤셴의 실험을 재현하는 것 자체가 불가능하다. 여기서 한 가지 의아한 것은 플레밍의 페니실린은 장티푸스균인 살모넬라를 죽이지 못했다는 점이다(페니실린이 장티푸스에 효과가 없다는 점은 이후에 설명할 왁스먼과 샤츠의 연구에서 중요하게 등장한다). 그래서 뒤셴의 실험에서 살모넬라를 죽인 물질이 무엇인지는 알 수가 없다. 그렇다면 뒤셴이 사용한 푸른곰팡이와 플레밍이 사용한 푸른곰팡이가 같은 것인지부터 확인이 필요하다.

플레밍과 뒤셴이 사용했다는 푸른곰팡이가 무엇이었는지 길버트 샤마의 논의와 함께 한번 살펴보자. 우선 플레밍의 여러 전기에는 그의 병원 동료이자 곰팡이 전문가인 찰스 라 투슈가 플레밍이 사용한 곰팡이를 페니실륨 루브룸Penicillium rubrum으로 잘못 동정同定, identification한 것을 그대로 인용했다는 말이 나온다. 한편, 미국의 균학자 찰스 톰은 플레밍이 사용한 푸른곰팡이는 페니실륨 노타툼Penicillium notatum인데, 이후 로버트 샘슨이 페니실륨 크리소게눔Penicillium chrysogenum의 정의를 넓히면서 기존에 페니실륨 노타툼으로 불리던 것까지 포함하게 되었다고 주장했다. 그래서 플레밍이 사용한 푸른곰팡이가 페니실륨 크리소게눔이 맞다고 하는 문헌이 많이 나왔다는 것이다.

그런데 최근의 연구를 보면 플레밍의 푸른곰팡이는 페니실륨 루벤스Penicillium rubens일 가능성이 커지고 있고, 유전체 분석 결과도 그 주장을 지지하고 있다. 유전체 분석을 수행한 조쉬 후브라켄에 따르면 'rubrum'은 '붉은red'이라는 뜻이고, 'rubens'는 '붉게 되는to be red'을 의미하기 때문에 이 둘 혹은 이 둘의 이름을 헷갈릴 수 있다고 보고 있다. 그러고 보면, 아이러니하게도 라 투슈가 처음 동정한 것에 가까워진 셈이다.

여러 정황을 미뤄보면, 플레밍도 자신이 정확히 어떤 곰팡이로 연구하고 있었는지 몰랐던 것으로 보이지만, 뒤셴이 실험했던 푸른곰팡이의 정체는 더욱 의심스럽다. 지도 교수 격이었던 루에게 곰팡이를 받았고, 그것을 푸른곰팡이라고 확인했다고 말했지만, 과연 푸른곰팡이가 맞는지부터가 확실하지 않다. 당시에는 푸른색을 띠는 곰팡이는 종에 대한 구분없이 모두 *P. glaucum*이라고 했고, 뒤셴은 이를 그대로 받아들였을 가능성이 높다. 그래서 푸른곰팡이라고 하더라도 그게 페니실린을 생산하는, 플레밍이 실험한 것과 같은 종인지 아니면 최소한 같은 속에 포함되는 것인지조차 분명하지 않다.

그래도 여전히 뒤셴을 기억해야 하는 이유

그렇다면 페니실린의 발견 과정에서 뒤셴이 받아야 할 영예의 지분은 어느 정도나 될까? 우선 플레밍에게 주어진 페니실린 발견의 영예를 뒤셴에게 돌려줘야 한다는 주장은 아무래도 과한 것 같다. 앞서 이야기한 대로 그는 푸른곰팡이의 길항 작용을 구체적으로 관찰하고 특정해 기술하는 수준까지 도달하지 못했다. 페니실린이라는 물질의 존재를 인지하고, 이름을 붙인 사람은 플레밍이었으며, 가장 결정적으로는 페니실린을 치료제로 만든 플로리와 체인이 참고한 논문은 뒤셴의 것이 아니라 플레밍의 것이었다. 그래서 페니실린 발견의 영예를 플레밍에게서 빼앗아 뒤셴에게 고스란히 주는 것은 바람직해 보이지 않는다.

하지만 플레밍 이전에 푸른곰팡이(그게 무엇인지 불확실하다 해도)로 세균 감염을 치료할 수 있다는 가능성을 발견하고, 이를 실험으로 보여주었던, 그러나 잊혀졌던 한 인물을 기억하고 기리는 것은 무척 의미 있는 일이다. 과학이 얼핏 보면 천재 몇 사람에 의해 큰 발전을 이루는 것처럼 보이지만, 사실 이런 천재의 업적에는 그 이전에 행해진, 지금은 기억할 수 없는 누군가의 작은 발견이 수도 없이 포함되어 있다. 그것이 크든 작든, 심지어 옳든 그르든, 우리는 가치를 찾을 수 있고, 의미를 찾아야 한다. 그래야 지금도 실험실에서 묵묵히, 작은 생명체 하나, 작은 분자 하나, 작은 프로세스 하나에 목매달고 있는 연구자와 그들이 하고 있는 연구의 가치를 이해할 수 있다.

2장

그가 없었다면,
페니실린도 없었다

첫 번째 항생제, 페니실린의 개발
노먼 히틀리

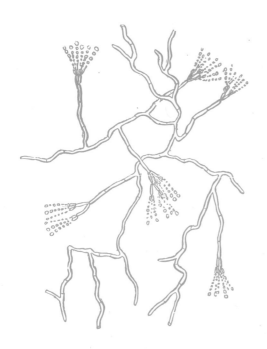

1990년, 옥스퍼드 대학의 명예 학위 수여식

노먼 히틀리Norman Heatley, 1911~2004는 옥스퍼드 대학에서 명예 의학박사 학위를 받았다. 의사가 아닌 과학자에게 명예 의학박사 학위가 수여된 것은 옥스퍼드 대학 800년 역사에 처음 있는 일이었다.

"저는 의학과 관련하여 아무런 자격이 없기 때문에 제게 이것은 엄청난 특권입니다. (……) 저는 페니실린을 추출하고 정제하는 어려운 프로젝트를 해낸 팀 전체를 대표해서 뽑힌 것입니다. 제가 이상을 받는다는 사실이 정말 놀랍습니다."

히틀리가 이렇게 말한 것이 자신의 본심을 감추려거나 의례적인 것만은 아니었다. 그는 아마도 진짜로 그렇게 생각했을 것이고, 많은 사람들이 그의 그런 말이 진심이라는 걸 알고 있었다. 그의 평소 성격과 삶의 흔적이 그걸 증명해 주고 있다.

플레밍의 업적은 페니실린의 발견까지만

앞에서 페니실린 발견의 공로가 뒤셴에게 돌아가야 한다는 주장에 대해 살펴보았는데, 페니실린에 대한 지분이 플레밍보다 하워드 플로리와 언스트 체인에게 더 많이 돌아가야 한다는 주장도 있다. 물론 플로리와 체인은 플레밍과 함께 1945년 노벨 생리의학상을 받았다. 하지만 사람들이 플레밍은 잘 아는데 플로리와 체인에 대해선 잘 모르는 상황에 대한 아쉬움이 있는 것도 사실이다. 독일의 과학사학자 에른스트 페터 피셔처럼 플레밍이 페니실린을 '발견'한 것도 아니라고 말하는 사람까지 있다. 그런 주장이 왜 나오게 됐는지 알아보고, 또 사람들은 왜 페니실린 하면 플레밍'만' 떠올리게 되었는지도 살펴보도록 하자.

페니실린을 발견했다는 플레밍의 기여에 가장 먼저 이의를 제기한 사람은 1948년에서 1952년까지 런던의 성모 병원에서 플레밍과 함께 근무했던 고든 스튜어트라고 할 수 있다. 스튜어트는 1965년에 낸 《페니실린 그룹의 약들 The Penicillin Group of Drugs》의 서문에서 플레밍의 무능력이 페니실린을 약으로 발전시키는 것을 늦췄다고 말했다.

"의학의 입장에서 보면 기초과학 연구가 때로는 지나치게 원리를 따지는 게 아니냐는 점은 인정한다. 그러나 플레밍의 연구는 어떤 의학적 관심도 불러일으키지 못했고, 그렇다고 그런 플레밍의 연구가 제약업계에 도움이 되었다는 증거도 없다. 과학에도 패션처럼 유행이 있다. 플레밍의 관찰이 보고된 무렵에 치료요법이 과연 효과가 있느냐는 허무주의가 일어나고 있었기에 그의 말은 전부 무시되었다."

앞서도 언급한 피셔는 페니실린과 관련하여 플레밍의 역할은 매우 미미했다고 주장하는 대표적인 과학사학자다. 그는《과학을 배반하는 과학》에서 다음과 같이 쓰고 있다.

"플레밍은 페니실린을 발견하지 못했을 뿐 아니라―정반대로―페니실린의 발견을 오히려 방해했고 거의 봉쇄했다. 이는 너무 치우친 견해일 수도 있겠지만, 아무튼 페니실린의 역사에서 겨우 각주에 등장할 정도의 자격밖에 없다는 것이 오늘날 역사가의 견해이다. (…) 플레밍이 1928년에 페니실린의 원료인 곰팡이를 관찰했다는 것은 분명한 사실이다. 그러나 첫째, 당시 그는 그가 관찰한 것이 무엇인지 몰랐다. 정반대로 그는 훗날 그를 유명하게 만들어준 그 곰팡이의 이름조차 몰랐다. 둘째, 그는 그 '발견' 이후에 페니실린을 전혀 언급하지 않았다. 정반대로 그의 출판물들은 다른 물질들이 훌륭한 항생제로 기능할 것이라는 믿음만을 담고 있다. (…) 플레밍은 마케팅의 달인이 분명하다."

세상을 구한 의학적 발견의 주인공 10명에 관한 책 빌리 우드워드의《미친 연구 위대한 발견》에서도 페니실린을 개발하여 수많은 사람의 목숨을 구한 주역으로 플레밍이 아니라 플로리를 지목하고 있다. 그는 페니실린 발견으로 가장 많은 영예를 누린 사람은 플레밍이지만, 플레밍은 "그저 발견만 한 사람일 뿐"이라고 쓰고 있다. 실제로 생명을 구한, 정말 어렵고 중요한 페니실린 제제를 만든 사람은 플로리를 비롯한 옥스퍼드 연구팀이라고 잘라 말한다.

그렇다면 플레밍은 자신이 발견한 페니실린에 대해 어느 정도까지 연구했고, 또 어떤 미래를 그리고 있었을까?

앞서 뒤셴에 대한 글에서 잠깐 언급했지만, 플레밍도 자신이 발견한 페니실린을 놓고 여러 가능성을 궁리하고, 순수한 형태로 추출하기 위해서 애를 썼다. 플레밍은 페트리 접시에서 황색포도상구균을 죽인 곰팡이를 발견하고는, 곰팡이에서 나온 물질을 '완효성 소독제slow-acting antiseptic'라고 불렀다가 나중에 페니실린이라는 이름을 붙였다. 그는 세균의 증식을 억제하는 푸른곰팡이에 관한 논문을 1929년 5월에 《영국 실험 병리 학회지》에 발표하는데, 당시 논문 제목은 "*B. influenzae* 검출에 활용하는 사례를 중심으로 한 페니실륨 배양액의 항생 작용에 대하여"였다. 그런데 이 논문은 매우 불친절했다. 푸른곰팡이에서 추출한 물질을 어떻게 정제했는지, 실험을 여러 번 수행했는데 그때마다 시약은 어떻게 사용했는지가 제대로 기술되지 않았다. 그래서 《슈퍼버그》를 쓴 맷 매카시는 "생각을 미처 다 정리하지 못하고 휘갈겨 쓴 원고 같았다"라고 평할 정도였다. 요새 같았으면 실어주더라도 편집자와 심사자에게 많은 수정을 요구받고 고통스럽게 고친 후에야 실렸을

알렉산더 플레밍

것이다.

당시 플레밍은 페니실린에서 어느 정도의 항균 작용은 확인했지만, 감염병에 대한 효과는 확신하지 못했던 것으로 보인다. 왜냐하면 혈액에서는 항균 효과가 없었고, 시험관 내 실험에서도 푸른곰팡이가 효과를 나타내는 데는 몇 시간이 걸렸기 때문이었다. 그래서 피부 표면에서는 효과가 있을지 모르지만, 곪은 상처에 있는 세균도 죽일 수 있을 거라고는 보지 않았다. 그래서 그는 자신이 발견한 물질의 용도를 생각해 보는데, 실험실에서 황색포도상구균에 의한 오염을 막아줄 도구라든가, 특정 세균, 예를 들어 헤모필루스 인플루엔자에 *Haemophilus influenzae* [i]를 연구할 때 도움을 줄 수 있을 거라고 제안했다. 플레밍은 당시 다른 사람들과 마찬가지로 인플루엔자(독감)가 세균에 의한 것이라 알고 있었고, 자신이 발견한 물질이 그 세균을 검출하는 데 효과적이라고 생각해서 연구했지만, 얼마 안 가 페니실린에 관한 연구를 포기하고 말았다.

물론 플레밍이 푸른곰팡이를 감염 치료제로 활용할 가능성을 완전히 배제한 것은 아니었다.[ii] 1장에서 잠깐 언급한 대로 세실 페인과 같은 제자는 안과 질환 치료에 페니실린을 시도하기도 했다.

---

i 당시에는 *Bacillus influenzae*라고 불렸다. 독일의 세균학자였던 리하르트 파이퍼가 유행성 독감의 원인균으로 (잘못) 연결지어, 당시 사람들은 이 세균을 독감의 원인균으로 알고 있었다. 나중에 독감, 즉 인플루엔자의 원인균이 아니란 것이 밝혀졌지만 이름에는 인플루엔자가 남았다. 플레밍도 이 세균을 인플루엔자의 원인균이라고 생각했다는 것은 페니실린에 관한 논문 제목에서도 드러난다. 리하르트 파이퍼는 용균 현상으로 잘 알려진 세균학의 권위자로, 코흐의 사위이기도 했다.

하지만 가능성을 크게 보지 않았던 것만은 분명해 보인다. 그렇다면 정말 플레밍은 너무 과한 평가를 받고 있는 것인지도 모른다.

페니실린을 약으로 만든 사람은 플로리의 연구팀

이런 논의를 보면서 '한 약품이 개발되었다'라고 할 때 그것은 구체적으로 '언제'를 말하는 것인지 궁금해진다. 어느 정도 효과가 나타난 후보물질을 발견한 시점일까? 아니면 여러 후보 중에서 테스트를 거쳐 약품 개발을 위한 물질 하나를 확정한 시점일까? 아니면 임상 시험에 돌입하는 시점일까? 임상 시험을 통해 치료제로 확정되는 시점일까? 약품이 치료제로 판매되고 사용되는 시점일까? 어떻게 보는지에 따라서 한 물질을 약품으로 개발했을 때 참여한 연구진의 공헌도도 달리 평가할 수 있을 것이다. 페니실린 개발에서 플레밍의 역할에 대한 논란도 이와 관련된 것은 아닐까?

사실 플로리가 페니실린을 감염병 치료제로 개발해 보겠다고 마음먹었을 때는 이미 적지 않은 과학자들이 플로리와 비슷한 연구를 하고 있었다. 1930년대 중반에 오스트레일리아의 세균학자

---

ii 플레밍은 자신이 발견한 물질에서 기대할 수 있는 효용 열 가지를 제시했는데, 그중 여덟 번째가 "페니실린에 감수성이 있는 미생물에 감염된 환자에게 페니실린은 효과적인 방부제로 투여될 수 있을 것"이었다.

그리그 스미스가 토양 세균인 방선균Actinomycetes이 길항 작용을 한다는 것을 알아냈다. 이 연구는 미국의 셀먼 왁스먼이 방선균의 한 종에서 액티노마이신이라는 물질을 분리하여 항균 작용을 연구하는 계기가 되었고, 왁스먼은 여기서 한 걸음 더 나아가 샤츠와 함께 최초의 결핵 치료제인 스트렙토마이신을 개발한다. 프랑스의 르네 뒤보스는 1939년 바실러스 브레비스Bacillus brevis에서 항균 작용을 하는 티로트리신이라는 물질을 분리했다. 액티노마이신과 티로트리신은 둘다 독성이 강해 사람에게 쓸 수 없었지만, 이는 바로 1930년대 중후반이 감염병과의 싸움에서 하나의 전환점이었다는 걸 의미한다. 때가 무르익고 있었다는 것이다.

그런데 사실 이런 방법은 모두 플레밍의 방식을 답습한 것이나 다름없다. 그들이 플레밍의 발견을 알았든 몰랐든 플레밍은 그들이 수행한 방식의 선구자였던 셈이다. 내가 기초의학 연구자여서 그런지는 모르는데, 실제로 약을 내놓아 개발 과정을 마무리 짓는 것도 중요하지만, 그래도 약물이 작용하는 표적을 결정하고, 후보 물질을 찾아내고, 그 물질의 작용 메커니즘을 밝히는 것도 충분히 인정받아야 하지 않나 싶다. 누구든 할 수 있겠지만, 무엇이든 가장 먼저 어느 지점에 도달했다는 것은 정말 중요한 일이고, 인정해야 하지 않을까?

페니실린의 발견과 개발에서 플레밍의 역할을 어느 정도나 인정할 것인지에 대해서는 논란이 있지만, 플레밍의 우연한 관찰을 안전하고 효과적인 약물로 전환하고 대규모 생산 체계를 갖추는 과정에는 플로리를 비롯한 옥스퍼드 팀의 헌신이 절대적이었다는 점은 누구도 부인하지 않는다. 그런 점을 인정해서 노벨상도 플레밍과 함께 플로리와 체인이 공동으로 받았다.[iii] 그런데 20세기 가장 위대한 의학적 발견 중 하나인 페니실린과 관련해서는 어떻게 사람들의 마음속에 알렉산더 플레밍의 이름만 남게 됐을까?

이에 대해서는 여러 이유가 제시되고 있다. 옥스퍼드 대학에서 의학사를 연구하는 에릭 시드바텀은 플레밍이 근무하고 있던 런던 성모 병원의 적극적인 역할을 이야기한다. 1941년에 페니실린을 사람에게 투여하여 일정한 성과를 거두자 페니실린의 잠재력이 엄청나다는 게 분명해졌고, 성모 병원 측은 그게 얼마나 대단한 일인지를 깨달았다는 것이다. 1920년부터 성모 병원의 학장을 20년 넘게 맡아 오던 찰스 맥모런 윌슨은 당시 영국 총리인 윈스턴 처칠의 주치의이자 왕립의과대학의 총장으로 페니실린이 얼마나 굉장한 약인지 잘 알고 있었다. 그는 "우리('성모 병원'을 의미한다)가 그것을 발견했습니다"라고 말했고, 대중들은 그 말을 듣고 고개를 끄덕일 수밖에 없었다. 거기에 언론에 큰 영향력을 행사하던 비버브룩 경 역시 성모 병원의 후원자였는데, 그 역시 사람들에게 이런 인식을 퍼뜨리는데 매우 중요한 역할을 했다.

플레밍과 플로리의 성격이 서로 달랐던 것도 중요하게 작용했다. 플레밍은 말도 잘하고, 언론과의 관계도 좋아 자신의 업적을

iii 히틀러가 제외된 데에는 노벨상 수상자를 세 명으로 제한하는 관례 때문일 것이다.

자신 있게 얘기하고 다녔던 데 반해, 플로리는 언론과 대화 자체를 하지 않았다. 일화에 따르면, 노벨상 수상자가 발표되고 옥스퍼드로 찾아온 기자를 피해 뒷문으로 달아났다는 말까지 있을 정도였다. 페니실린 개발 주역 중 한 사람인 노먼 히틀리가 죽은 후 그의 부인은 이런 말을 했다.

"저는 플레밍이 (페니실린의) 발견자로 언급되는 게 항상 안타까워요. 플레밍은 기자들에게 이야기하는 것을 즐겼던 반면, 플로리는 언론과 이야기하는 걸 꺼렸어요. 자신의 팀이 일하는 데 방해받는 걸 싫어했거든요. 저는 그게 플레밍이 모든 관심을 받은 이유라고 생각해요."

《미친 연구 위대한 발견》에서 빌리 우드워드는 다음과 같이 쓰고 있다.

"언론은 플로리 연구팀이 페니실린을 개발하려고 십여 년이 넘게 노력했다는 사실 따위는 무시해버렸다. 기자들은 항생제가 탄생할 때까지 수많은 실험과 기술 혁신, 임상 연구를 거쳐야 한다는 사실을 몰랐다. (…) 실제로 페니실린을 약으로 만들려고 몇 년 동안 고생한 옥스퍼드 연구팀은 '플레밍 신화'라는 대중들의 이야기에 따라 붙은 권말 부록 정도로 전락하고 말았다."

우드워드는 이런 인식의 단면을 플레밍이 재직했던 런던 성모 병원에서 플로리에게 보낸 편지에서 찾고 있다. 편지에는 "성모 병원의 플레밍 교수가 개발한 페니실린에 대해 들어보신 적이 있을 겁니다"라는 말이 있었고, 플레밍을 초청해 행사를 할 예정이니 표를 좀 사달라는 요청이 있었다고 한다. 이 구절을 읽고 플로리는 그냥 웃고 넘겼지만, 연구실의 다른 사람들은 길길이 날뛰었다고 한다. 항의도 해보았지만, 그렇다고 변한 것은 없었다.

옥스퍼드의 페니실린 삼총사

플레밍이 발견한 페니실린을 순수한 형태로 분리해 약으로 만든 과정에는 옥스퍼드 대학의 삼총사가 있었다. 임상 생리학자 하워드 플로리, 화학자 언스트 체인, 미생물학자이자 생화학자 노먼 히틀리가 그들이었다.[iv] 세 사람은 일은 함께 했지만, 성격은 서로 딴판이었다.

오스트레일리아 출신의 플로리는 허세가 많지만, 무뚝뚝하고,

---

iv 플로리와 체인은 물론이지만, 옥스퍼드 팀에서 히틀리만 페니실린 개발에 공헌한 것은 아니었다. 에드워드 에이브러햄, 아서 가드너(Arthur Duncan Gardner), 마가렛 제닝스(Margaret Jennings) 등 많은 과학자와 기술자들이 팀원으로 훌륭한 역할을 해냈다. 에드워드 에이브러햄은 이탈리아의 주세페 브로추와 함께 세팔로스포린을 개발하는 데도 큰 역할을 했다.

또 화도 잘 내는 성격이었다. 다른 사람 앞에서는 후배나 아랫사람에 대해 좋은 말을 아끼지 않았지만, 정작 그들 앞에서는 칭찬하는 법이 없었다. 에릭 랙스는 페니실린의 개발 역사를 다룬《플로리의 옷에 묻은 곰팡이*The Mold in Dr. Florey's Coat*》에서 그를 '식민지의 거친 천재Rough Colonial Genius'라고 불렀다.

1935년 옥스퍼드 윌리엄 던 스쿨Sir William Dunn School의 병리학 교수가 된 플로리는 당시 임상에 막 도입된 설파닐아마이드sulfanilamides보다 감염 치료에 더 나은 약물을 찾고 있었다. 그러다 1939년에 페니실린을 이용한 항생물질을 연구할 팀을 구성했다. 화학자인 체인에게는 페니실린의 특성을 분석하고 활성 성분을 분리할 임무를 맡겼고, 자신은 팀의 리더로 페니실린의 생물학적 효과와 의학적 효능을 연구하기로 했다. 그리고 또 한 사람 히틀리를 팀에 합류시켰는데, 그에게 맡겨진 임무는 연구에 필요한 충분한 양의 페니실린을 만드는 것이었다. 이처럼 서로 다른 배경을 가진 여러 과학자가 팀을 이뤄 연구하는 것은, 요즘에는 당연한 것처럼 여겨지지만 당시에는 매우 이례적인 것이었다. 시대를 앞선 리더십과 선진적인 팀 구성이 이들의 성공 배경 중 하나였다.

체인은 유대인으로 나치가 정권을 잡자 독일을 떠나 영국으로 망명해 런던 유대인 망명자 위원회의 후원을 받고 있었다. 독일에 남았던 그의 어머니와 누이는 강제수용소에서 세상을 떠나야 했다. 그는 다소 독선적이라는 평가를 받았고, 자신의 생각과 다른 의견에 매우 민감하게 반응했다. 그는 실험실을 독일과 같은 방식

윌리엄 던 병리학 스쿨에서 플로리가 꾸린 페니실린 연구팀. 아래 줄 가운데가 플로리, 앞에서 둘째 줄 맨 오른쪽이 체인, 둘째 줄 맨 왼쪽이 히틀리, 가장 윗줄 맨 왼쪽이 에이브러햄이다.

으로 운영해야 한다고 생각했다. 실험실 내에는 엄격한 위계 질서가 있어야 하고, 실험실 책임자가 원하면 토론이나 이의 없이 실험실 구성원이 그대로 따라야 한다는 것이었다. 바로 이런 점 때문에 히틀리와 갈등이 생기기도 했다. 그는 플로리와 다투기도 했는데, 다툴 때면 벽이 떨릴 정도로 격렬했다고 한다.

옥스퍼드 팀이 플레밍의 논문에 관심을 어떻게 갖게 되었는지에 대해서는 여러 설이 있는데, 첫 번째로는 플레밍의 논문을 들고 와 플로리를 설득해 페니실린을 연구 주제로 삼도록 한 사람이 바로 체인이라는 것이다. 이 이야기에 의하면 체인은 본격적으로 연구를 시작하기 전에 문헌 조사를 많이 했는데, 오래 전 발표돼 잊혀 있던 플레밍의 논문을 발견했다고 한다. 두 번째로는 그 팀이 라이소자임을 연구하고 있어서 플레밍의 논문에 자연스레 관심을 가졌다는 것이다. 플레밍은 항균 작용을 하는 라이소자임을 최초로 발견했다. 세 번째는 플레밍의 제자 페인이 플레밍의 연구를 플로리에게 소개했다는 것이다. 페인은 당시 셰필드 대학의 병리학 교수였는데, 플로리도 마침 1932년부터 1935년까지 셰필드 대학에 있었다. 페인은 플레밍이 발견한 페니실린을 정제하지 않은 채로 안과 치료에 이용하려고 했기 때문에, 플로리도 페니실린에 대해 어느 정도는 알고 있었을 것이라 추측되는 것이다. 어떤 경로인지 분명치는 않지만 어느 단계에서든 체인이 페니실린을 연구 주제로 삼는 데 중요한 역할을 한 것만은 확실하다고 한다.

삼총사 중 마지막 인물, 히틀리는 자신감 넘치는 영국 신사로,

실험실의 연구원에게 존경과 사랑을 받았고, 모두들 그와 함께 일하는 것을 편하게 여겼다고 한다. 특히 체인과는 매우 대조적이었는데, 그건 단지 성격만이 아니라, 기질도 달랐고, 과학적 접근 방식도 크게 달랐다. 체인이 말이 많고 과시적이었던 반면, 히틀리는 과묵하고 수줍어하는 성격이었다. 히틀리가 명예를 얻는 데 관심이 많지 않았던 데 반해, 체인은 신속하게 자신의 몫을 주장했다. 어떤 문헌은 다음과 같이 표현한다. 히틀리는 체인과는 '함께 일을 했지만', 플로리와는 '협력했다'라고.

젊은 시절 사진을 보면, 히틀리가 실험복을 입고 고개를 숙인 채 페트리 접시의 곰팡이로 무언가를 하고 있다. 진지하기 그지 없는 모습인데, 나이 들어 찍은 사진에는 입가의 미소가 그의 온화한 성품을 보여준다. 그는 자신을 "적절한 시간, 적절한 장소에 있었던 것이 유일한 장점인 3류 과학자일 뿐"이라고 자신을 소개할 정도로 겸손한 사람이었다.

손재주 탁월한 실험의 장인

히틀리는 영국의 동쪽 끝 우드브리지의 작은 바닷가 마을에서 태어났다. 그는 어릴 때 북해로 흐르는 데벤 강에서 열심히 보트를 탔다고 한다. 과학에 관심을 갖게 된 것은 학교를 방문한 한

젊은 시절의 히틀리(왼쪽)와 나이 든 그의 모습

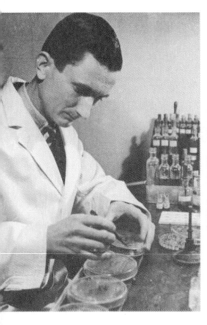

강사 덕분인데, 학교의 화학 선생님이 그렇게 생긴 관심을 더 크게 키워주었다 히틀리는 화학 선생님이 '마법사의 재주skills of a conjuror'를 지닌 게 아니냐고 말했다고 한다. 케임브리지 대학의 세인트 존스 칼리지에 입학했고, 그곳에서 과학 전반을 폭넓게 배웠다. 1936년에는 케임브리지에서 생화학 전공으로 박사 학위를 받았다. 원래는 학교를 떠나 분석 서비스를 시작하려고 했지만, 옥스퍼드 대학에서 제안을 받으며 방향을 틀게 되었다.ᵛ 그는 옥스퍼드 대학 링컨 칼리지의 펠로우가 되었다가 하워드 플로리가 주도하는 연구팀에 합류했다. 그의 특기였던 기구를 만드는 능력은 한때 학문적 호기심의 대상에 불과했던 페니실린을 감염병에서 인류를 구해 내는 약으로 전환하는 데 결정적인 역할을 하게 된다.

플로리와 체인의 팀에서 페니실린을 개발하는 데 결정적인 공헌을 한 후에도 히틀리는 옥스퍼드에 남아 새로운 분석 방법을 개발하고, 기존 분석 도구를 개량하고 소형화하며 천재성을 발휘했다. 그는 타고난 협력자로 다른 과학자와 공동 연구를 많이 수행했고, 1976년 은퇴할 때까지 60편이 넘는 논문을 제1 저자, 혹은 공동 저자로 발표했다. 그의 친구는 그를 "너그러운 청교도generous Puritan"라고 불렀는데, 매사에 절제하고 신중했지만, 동시에 온화하고 자상했다고 한다. 은퇴 후에는 정원을 가꾸고 창고에서 새의

ᵛ 히틀리가 코펜하겐에 있을 때 록펠러 펠로우쉽 제안을 받았지만 전쟁 때문에 영국에 머물기로 했다는 기록이 있다.

깃으로 섬세하기 이를 데 없는 미니어처 가구를 만들며 시간을 보냈다.

그는 노벨상이 자신에게 주어지지 않은 데 대해 불평하지 않았다고 한다. 오히려 옥스퍼드 팀에서 자신이 중요한 역할을 할 수 있어서 너무 자랑스럽다는 말을 자주 했다. 1978년 은퇴할 때는 대영제국훈장Order of the British Empire, OBE을 받았고, 앞에서 언급한 것처럼 1990년 옥스퍼드 대학에서 명예 의학박사 학위를 받았다. 또한 매년 자신의 이름을 딴 '히틀리 강좌'가 개최되며, 그의 이름으로 장학금이 지급되고 있다. 2004년 1월 5일 히틀리는 93번째 생일을 며칠 앞두고 세상을 떠났다.

항생제의 효능을 분석하고 추출법을 개발하다

플로리의 연구진이 페니실린에서 항생제의 가능성을 확인하고 푸른곰팡이에서 추출하려고 했지만, 페니실린이 매우 불안정한 물질이라 추출에 진전이 없었다. 체인은 분자 구조 때문에 페니실린의 수율이 낮은 게 아니라 기술 문제로 벌어지는 일이라고 판단했다. 바로 그 기술적인 문제가 연구팀에 히틀리가 합류하면서 해결되었다. 페니실린을 추출하기 위해서는 푸른곰팡이를 최대한 많이 배양해야 했고, 히틀리의 첫 임무가 바로 그것이었다.

히틀리가 옥스퍼드 연구팀에 합류한 후 처음 고안한 것은 '페니실리너penicilliner'라고도 불리는 '실린더 플레이트cylinder plate'였다. 이것은 세균이 들어 있는 배지에 짧은 유리관을 여러 개 꽂은 분석 도구였다. 이 유리관에 서로 다른 농도의 페니실린을 채워 넣고, 유리관 주위로 세균이 자라지 않는 동심원의 지름을 측정했다. 이것은 플레밍이 푸른곰팡이가 황색포도상구균을 죽이는 작용을 한다는 것을 발견했을 때의 원리를 응용한 것이었다. 현재는 서로 다른 항생제를 적신 종이를 이용해 세균이 자라지 않는 동심원의 지름을 측정하고, 이를 통해 세균의 항생제 내성 여부를 판단하는 '디스크 확산법disc diffusion assay'으로 진화했다. 히틀리가 개발한 이 방법은 항균 작용이 최고에 이르는 배양 시간을 알아내는 데도 이용되었다. 그는 이 방법으로 곰팡이를 재사용했을 때 동일한 곰팡이 매트에서 최대 12개의 페니실린 용액을 생산할 수 있다는 것을 알아냈다.

1940년 3월, 그는 플레밍을 좌절시켰던 페니실린의 불안정성을 극복할 수 있는 방법을 찾아냈다. 전통적인 추출법에 사용되는 열이나 강산, 염기성 용액, 금속 또는 다른 화학 물질은 페니실린을 파괴해 버리기 때문에 이용할 수가 없었다. 히틀리는 그 대신 역추출법back-extraction을 개발했다. 이 방법은 두 단계로 이루어져 있다. 첫 번째 단계에서는 배양액을 냉각시켜 약하게 산성화한 후 에테르(나중에는 아밀아세테이트)와 섞는다. 이렇게 하면 에테르에 페니실린만 결합하고, 나머지 불순물은 남게 된다. 다음 단계에서

히틀리는 농도에 따른 항생제 효능을 측정하기 위해 실린더 플레이트 확산법을
개발했다(왼쪽). 오른쪽 그림은 현재 항생제 내성 검사에 사용되는 디스크 확산법이다.
배양액 위에 세균을 도포하고, 확인하려는 항생제를 플레이트 혹은 디스크에
올려 놓으면, 디스크 주위에 동그랗게 세균의 생장이 억제된 모양이 나타난다.

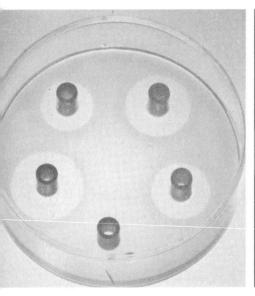
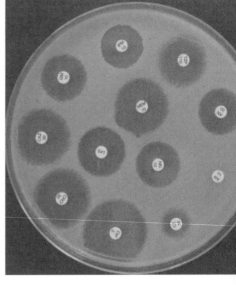

는 에테르 용액을 약염기성 용액으로 역추출한다. 이 방법으로 활성을 가진 페니실린을 푸른곰팡이 배양액에서 고스란히 추출할 수 있었다.

히틀리가 개발한 역추출법은 훌륭했다. 이 방법으로 추출한 페니실린 수용액을 동결 건조하여 안정한 갈색 분말로 만들었는데, 이것은 100만 배까지 희석하더라도 강력한 효과를 나타냈다. 나중에 알게 된 사실이지만, 이 분말에는 단 1퍼센트의 순수 페니실린이 포함되어 있었다. 그런데도 이 방법으로 7주 후인 1940년 5월 플로리가 동물 실험을 수행하는 데 충분한 정도의 양을 추출할 수 있었다.

기적의 약, 페니실린

옥스퍼드 팀은 우선 생쥐를 대상으로 페니실린의 효능을 확인하기로 했다. 그들은 모두 여덟 마리의 생쥐를 준비했다. 이들 전부 화농성 연쇄상구균 *Streptococcus pyogenes* 을 치사량 수준으로 처치하고, 그중 네 마리에는 페니실린을 주입했다. 페니실린을 주지 않은 네 마리의 생쥐는 모두 16시간 이내에 죽었지만, 나머지 생쥐는 며칠 동안 생존했고, 그중 한 마리는 끝까지 살아남았다. 히틀리는 이 결과를 자신의 실험일지에 매우 절제된 표현으로 "페니실린이 실제로 중요한 듯 보인다"고 적었다. 그들은 이 연구 결과를 《랜싯 The Lancet》에 발표했다. 나중에 밝혀지지만 사실 연구팀이 생쥐를 실험 대상으로 삼은 것은 매우 행운이었다. 당시에는 생쥐보다 기니피그를 실험 대상으로 삼는 경우가 많았는데, 만약 그들이 기니피그를 썼다면 페니실린을 포기할 수도 있었을 것이다. 왜냐하면 페니실린은 생쥐에는 독성이 없지만, 기니피그에는 독성이 있기 때문이다.

생쥐에서 페니실린의 '기적' 같은 효능을 확인한 연구팀에게 다음 단계는 사람을 대상으로 하는 것이었다. 첫 환자는 앨버트 알렉산더라는 43살의 경찰이었다. 그는 독일군의 폭격으로 인해 생긴 상처에 세균이 침투하여 눈과 얼굴, 폐에까지 패혈증이 진행되어 목숨이 위태로운 상태였다. 1941년 2월 12일 그에게 페니실린을 처치하기 시작했다. 하루에 네 차례 규칙적으로 주사했고, 24시간 이내에 그의 증상은 완화되었다. 감염에서 완전히 회복되지는 않았지만 앉아서 식사도 할 수 있을 정도로 나아졌다. 하지만 약이 모자랐다. 연구진은 그의 오줌을 받아서 다시 페니실린을 정제해서 투여하기도 했으나 감염을 치료할 정도의 페니실린은 확보할 수 없었고 결국 알렉산더는 페니실린을 처음 투여받은 지 한 달 정도 지난 3월 15일 죽고 말았다. 비록 환자를 살리지는 못했으나 연구진은 페니실린에서 희망을 발견할 수 있었다.

이후 연구팀은 전략을 수정했다. 페니실린을 시험할 환자를 투여할 페니실린의 양이 적어도 되는 어린아이로 정한 것이다. 네

명의 아이에게 페니실린을 투여했고, 모두 감염이 치료되었다. 한 명이 사망했는데 사인은 감염과는 무관한 뇌출혈이었다. 1941년 8월의 일이었다. 플로리를 비롯한 연구팀은 페니실린의 효과를 확신하게 되었으며, 이제 많은 환자를 구하기 위해서는 대량 생산이 필요해졌다.

당시는 2차 세계 대전이 한창이었다. 영국의 제약회사들은 페니실린에 관심을 보이지 않았다. 그도 그럴 것이 영국의 모든 시설은 전쟁에 동원되고 있어서 페니실린을 대량 생산하는 연구에 투입할 여력이 없었다. 플로리는 미국의 록펠러 재단에 도움을 요청했다. 플로리는 페니실린 연구를 비롯해 이미 10년 넘게 록펠러 재단에서 연구비를 지원받고 있었다. 그는 록펠러 재단의 도움으로 미국의 제약회사를 통해 대량 생산의 가능성을 확인하기 위해 미국으로 향했다. 그리고 이때 이미 플로리와 껄끄러운 사이였던 체인 대신 히틀리가 동행했다.

페니실린을 대량 생산하기 위해서는

플로리와 히틀리는 포르투갈의 리스본을 거쳐 1941년 7월 2일 뉴욕에 도착했다. 그들에게는 푸른곰팡이에서 추출한 페니실린 샘플이 들려 있었다. 그들의 미국행은 페니실린 개발의 역사를 다시 한 번 바꾸었다. 먼저 플로리의 로즈 장학생 친구이자 예일대 생리학 교수인 존 풀턴을 만났고, 그의 연줄로 전미연구평의회 National Research Council의 임원을 만날 수 있었다. 그리고 다시 소개받아 간 곳이 미국 옥수수 벨트의 중심지인 일리노이주 피오리아였다. 그곳에는 대공황 시기 옥수수를 비롯한 농산물을 다양하게 활용할 수 있는 방법을 찾는 연구소가 세워져 있었고, 과학자들이 양조에 활용하던 발효 기술을 이용해 곰팡이를 배양하는 노하우를 풍부하게 갖추고 있었다.

플로리와 히틀리는 자신들이 가진 푸른곰팡이와 페니실린에 관한 지식을 미국의 큰 제약회사들과 공유했다. 플로리는 페니실린은 자연이 우리에게 준 것으로 인류가 공동으로 향유해야 할 재산이라 생각했기 때문에 특허를 신청하는 것은 윤리적이지 않다고 보았다. 이 때문에 영국 국민들로부터 그 귀중한 것을 미국에 넘겨주었다고 비난을 받기도 했다. 히틀리에 의하면 플로리는 영국에서는 페니실린을 약으로 빠르게 개발할 수 없을 거라고 보았다. 특히 당시는 2차 세계 대전 중이었기 때문에 전장에서 사용할 수 있는 페니실린을 최대한 빨리 많이 생산하기 위해서는 미국의 막강한 자본과 산업 기술의 도움을 받는 것 외에는 다른 대안이 없었다.

영국의 옥스퍼드 연구팀과 미국 제약회사들의 합의가 이루어진 후 플로리는 영국으로 돌아갔지만 히틀리는 일리노이주에 몇 달 더 머물며 미국측 파트너인 앤드루 모이어와 협력 관계를 이어갔다. 하지만 모이어의 비밀스럽고 비협조적인 태도 때문에 한동안 고생을 해야만 했다.vi 그들은 페니실린을 효율적으로 생산하는 곰팡이를 찾기 위해 전 세계에서 푸른곰팡이를 모아 테스트했는데, 돌파구는 의외로 가까운 데서 나왔다. 바로 그가 머물던 집 근처의 오래된 멜론에 핀 곰팡이가 가장 효율적인 페니실린 생산자였던 것이었다. 이후 미국의 여러 제약회사가 페니실린 생산에 나섰다. 우리에게도 익숙한 화이자Pfizer, 머크Merck, 레데를Lederle Laboratories과 같은 기업들이었다. 특히 비아그라와 코로나19의 백신으로 잘 알려진 화이자는, 페니실린 생산 이전에는 구연산을 넣은 음료수 제조업체에 불과했으나 페니실린을 계기로 명실상부한 제약회사로 발돋움했다. 페니실린은 전 세계 제약 산업의 판도도 바꾸어 놓았다.

1943년 5월, 플로리는 전쟁에서 부상 당한 병사들을 대상으로 페니실린의 효능을 시험하기 위해 북아프리카로 갔다. 이미 설파닐아마이드, 즉 설파제를 감염 치료제를 사용하고 있었지만, 페니실린의 극적인 효과를 확인한 의사들은 환호성을 질렀다. 새로운 기적의 치료법이 나온 것이었다. 실험 결과는 뉴스의 헤드라인으로 대서특필되면서 전 세계로 퍼져나갔다.

페니실린은 또 다른 사용처도 찾았다. 북아프리카와 필리핀의 사창가에는 군인들과 선원들에게 성병이 만연하고 있었다. 이

---

vi 모이어는 페니실린 생산용 발효법의 개발자로 특허를 받기도 했다. 모이어와 발효법을 함께 연구한 히틀러의 이름은 특허증에 없었다.

들의 성병 치료에 미국 제약회사들에서 대량 생산된 페니실린이 사용되었다. 걸린 지 1년이 되지 않은 초기 매독은 페니실린 주사 한 방이면 치료가 가능했다. 매독에 걸린 지 1년이 넘었다면 주사를 세 번 맞아야 했다. 연합군은 제2차 세계 대전의 전세를 바꿔 놓은 노르망디 상륙작전이 감행된 1944년 6월 6일 무렵에는 4만 명을 치료할 수 있는 양의 페니실린을 확보하고 있었고, 전쟁이 끝날 무렵에는 연간 25만 명 분량의 페니실린을 생산하고 있었다. 66퍼센트에 이르던 세균성 폐렴의 사망률은 페니실린 등장 이후 6퍼센트로 감소했다. '기적의 약'이라 부르기에 손색이 없었다. 1945년 노벨 생리의학상이 페니실린에 돌아간 것은 너무도 당연한 일이었다. 하지만 그 명단에서 히틀리의 이름을 찾아볼 수는 없었다.

히틀리가 없었다면, 페니실린도 없었다

페니실린 개발에서 히틀리의 역할은 결정적이었다. 그가 개발한 항생제 효능 측정법과 페니실린 추출법은 페니실린을 약으로 개발하는 데 중요한 전환점이었다. 바로 그런 이유 때문에 플로리의 뒤를 이어 옥스퍼드 대학교 윌리엄 던 스쿨의 병리학과장이 된 헨리 해리스는 "히틀리가 없었다면, 페니실린도 없었다"고 말했다. 그런데도 자신이 인류를 위한 중요한 연구에 한 몫을 했다는 것만으로 만족하고 자랑스러워했던 히틀리를 보면 '인격'이라는 것에 대해 생각하지 않을 수 없다. 분명 그에 합당한 명예가 주어졌으면 더 좋았을 것이고, 더 많이 알려졌으면 더할나위 없었을 테지만 말이다.

사실 페니실린을 개발하여 수많은 사람의 목숨을 구한 연구는 수많은 사람들이 함께 했다. 페니실린을 가장 먼저 찾아내고 가능성을 보여준 플레밍도 중요했고, 그 가능성을 알아보고 약품 개발에 뛰어들어 팀을 이끈 플로리도 대단했고, 화학자로서 물질의 특성을 연구한 체인도 결코 빼놓을 수 없다. 히틀리의 역할도 절대 작지 않다. 그리고 이들 이외에 옥스퍼드 팀에서 함께 했던 연구자도 모두 의미 있었고, 페니실린을 대량 생산할 수 있는 길을 열어준 미국의 연구자들도, 이윤이 가장 큰 동기였겠지만 그래도 그 길에 동참한 여러 제약회사의 노력도 중요했다. 비록 영예와 돈은 소수의 사람에게 돌아가는 것이 세상 만고불변의 이치이기는 하지만, 그래도 적어도 그들을 기억하려는 노력만큼은 해야 하지 않을까?

3장

하수구에서 나온
보물

가장 많이 처방되는 항생제, 세팔로스포린

주세페 브로추, 에드워드 에이브러햄, 가이 뉴턴

1974년 4월, 이탈리아 사르데냐

여든한 살의 주세페 브로추는 침대에 가만히 누웠다. '누웠다'라는 표현은 좀 그렇다. 자신이 눕고 싶어 누운 게 아니었다. 간병인이 '눕힌' 걸, 굳이 '누웠다'라고 바꿔 말하고 싶었다. 마지막 남은 자존심이었다. 뇌졸중은 자기 몸도 마음대로 움직이지 못하게 만들어 버렸다. 말도 제대로 할 수 없다. 그나마 정신이 멀쩡하다는 것이 축복인지 저주인지는 모르겠다. 생각은 머릿속에서만 돌 뿐 말로 전할 수도 없고, 행동으로 옮길 수도 없다. 죽음을 앞두고 있다. 이탈리아의 과학자로, 교육자로, 그리고 정치인으로 살아온 그의 일생에서 황금기는 언제였을까?

하수 배출구에서 찾아낸 곰팡이. 남들은 우연이라고 할지 모르지만, 그건 절대 우연이 아니야. 장티푸스로 죽어가는 환자들. 전쟁 전에도 많았지만, 전쟁 중에는 더 많았지. 어떻게 해볼 도리 없이 죽어가는 환자들을 위해 무언가를 하고 싶었고, 그래서 찾아 나선 거야. 장티푸스균은 하수도 물속에는 그득했지만, 바다로 배출되고 나서는 싹 사라져 버린다는 걸 나는 알고 있었어.

거기에 분명 뭔가 있어! 그렇게 나온 곰팡이는 정말로 장티푸스균을 죽이고 있었어. 내 인생에 가장 황홀한 순간이었어. 하지만 그건 내 인생에 가장 아쉬운 순간이기도 하지. 내 조국에서 그 물질을 약으로 개발해 낼 수가 없었어. 무모한 전쟁에서 무참히 패하고 나니 여력도 없었지만, 사람들은 그 가치를 못 알아 봤어. 그래서 영국으로 갔지. 그곳 친구들은 이미 경험도 있었고, 일을 제대로 해냈지. 결과를 만들어 냈으니까. 그래, 내 이름은 항생제 와 함께 영원히 사람들의 마음에 남을 거야. 그때가 나의 황금기였어.

며칠 후 그는 누가 보더라도 충분히 의미 있는 삶을 마감했다.

우리나라에서 가장 많이 처방되는 항생제

우리나라에서 가장 많이 처방되는 항생제는 무엇일까? 최소한 사람에게 처방되는 항생제에 대한 자료는 건강보험심사평가원을 통해 상당히 정확하게 파악할 수 있다. 사실 사람 못지않게, 아니 그보다 더 많은 항생제가 축산이나 어류 양식에 쓰이지만, 그 사용량에 대해서는 도무지 정확한 통계가 잡히지 않는다. 그래서 우선 심사평가원 자료(https://www.kdca.go.kr/nohas/statistics/selectAUStatisticsMainTab.do)만 놓고 보면, 2021년 기준 가장 많이 처방된 항생제는 '광범위 세팔로스포린broad-spectrum cephalosporin'이다. 전체 항생제의 약 28퍼센트가 '광범위 세팔로스포린'이었다. 여기에 '확장된 범위 세팔로스포린extended-spectrum cephalosporin' 8.1퍼센트까지 더하면, 2021년 사용된 항생제의 3분의 1 이상이 세팔로스포린이었다.[i] 다른 나라라고 크게 다르지는 않기 때문에 세팔로스포린이야말로 가장 많은 사람이 처방받는 항생제라고 해도 과언이 아니다. 흔히 세파계 항생제라고 불리는 바로 그 항생제다.

---

i '광범위 세팔로스포린'은 보통 3세대 세팔로스포린을, '확장된 범위 세팔로스포린'은 4세대 세팔로스포린을 얘기한다. 세팔로스포린의 세대에 관해서는 바로 뒤에서 다룬다.

세팔로스포린은 페니실린처럼 베타-락탐 고리를 갖고 있는 항생제다. 그래서 같은 베타-락탐 계열의 항생제이기는 하지만, 디하이드로티아진 고리dihydrothiazine ring를 갖고 있어 페니실린과 구분해서 다룬다. 세팔로스포린은 개발 시기와 적용 범위에 따라 보통 1세대, 2세대, 3세대 등으로 나뉜다. 그만큼 많은 종류의 항생제가 세팔로스포린 계열에 속하고, 다양한 특징이 있다.

세팔로스포린의 구조를 보면, 가운데에 베타-락탐 고리가 있고, 여기에 황이 있는 디하이드로티아진 고리가 연결되어 있다. 그래서 페니실린과 비슷하게 세균의 세포벽을 이루는 펩티도글리칸의 합성을 막아 세포벽 합성을 억제해 살균 효과를 나타낸다.

그런데 앞에 나온 페니실린의 구조와 비교해 보면, 페니실린에는 베타-락탐 고리에 오각형의 티아졸리딘 고리가 연결되어 있는데 반해, 세팔로스포린에는 육각형의 디하이드로티아진 고리가 붙어 있다(35쪽 참조). 그리고 페니실린처럼 베타-락탐 고리에 아실acyl 곁사슬이 연결되어 있고(R_2), 디하이드로티아진 고리에 또 하나의 작용기(R_1)가 붙어 있다. 이 R_1과 R_2라는 작용기가 어떤 것이냐에 따라서 다양한 종류의 세팔로스포린 계열의 항생제가 만들어진다.

앞에서 얘기한 대로 세팔로스포린은 개발 시기와 항균 범위에 따라 '세대'로 나눠 구분한다. 1960년대까지 개발된 세팔로틴이나 세파졸린 등을 제1세대 세팔로스포린이라고 한다. 제1세대 세팔로스포린은 주로 메티실린-감수성 황색포도상구균methicillin-

세팔로스포린 계열 항생제의 기본 구조. 페니실린처럼 베타-락탐 고리를 갖고 있지만, 페니실린의 티아졸리딘 고리와 달리 세팔로스포린에는 디하이드라진 고리가 붙어 있다.

디하이드로티아진 고리

베타-락탐 고리

sensitive *Staphylococcus aureus*, MSSA를 비롯한 그람 양성균에 효과가 있다. 1970년대 들어 제2세대 세팔로스포린이 등장했다. 세파만돌이라든가, 세푸록심, 세파마이신과 같은 것들인데, 그람 양성균에 대해서는 효과가 좀 떨어지지만 그람 음성균까지 항균 범위가 넓어졌다. 제3세대 세팔로스포린은 1980년부터 개발되기 시작했는데, 세포택심, 세프트리악손, 세프타지딤과 같은 것들이다. 제3세대 세팔로스포린은 그람 음성균에 대한 효과가 더 좋아졌으며, 세프타지딤은 녹농균까지 죽일 정도로 항균 범위가 넓어졌다.

1990년대에 나온 제4세대 세팔로스포린은 앞에서 얘기한 R1과 R2에 전하가 서로 반대인 작용기가 붙는다. 이렇게 양전하를 띠는 작용기와 음전하를 띠는 작용기를 모두 갖는 물질을 '양쪽성 이온zwtitter ion'이라고 한다. 이렇게 되면 양쪽의 전하가 상쇄되는 효과가 있어 극성을 띠지 않게 되면서 지질에 대한 친화도가 높아진다. 그래서 4세대 세팔로스포린은 지질로 된 세포막을 쉽게 통과할 수 있다. 세피롬이나 세페핌과 같은 항생제가 제4세대 항생제로 그람 양성균과 그람 음성균에 대한 효과는 물론 베타-락탐 분해효소에 대한 저항성도 높다.

이후에 나온 세프타롤린, 세프톨로제인, 세프토비프롤과 같은 항생제를 5세대 세팔로스포린이라고 하는데, 아직 널리 받아들여지는 용어는 아니다. 이 항생제의 가장 큰 특징은 항생제 내성균의 대표격인 메티실린-내성 황색포도상구균methicillin-resistant *Staphylococcus aureus*, MRSA에도 효과가 있다는 점이다. 3세대와 4세대 세팔로스포린이 가진 그람 양성균과 그람 음성균에 대한 항균력도 보존하면서, 베타-락탐 분해효소에도 저항성을 가지는 것으로 보고되고 있다.

세팔로스포린의 작용을 이야기하며 그람 양성균이나 그람 음성균이라는 용어를 아무 설명 없이 썼는데, 앞으로도 계속 나올 용어이기도 하니 여기서 잠깐 알아 보자. 세균을 가장 크게 나누는 기준이 바로 그람 염색 여부다. 1884년에 덴마크의 미생물학자인 한스 그람이 개발한 염색법이다. 이 방법을 쓰면 세균 세포벽의 구성 성분에 따라 염료의 탈색 여부가 달라져 세균을 구분할 수 있다. 세포벽이 두꺼운 세균은 특정 염료로 염색 후 물이나 알코올로 씻어내도 세포벽에 염료가 그대로 남는 반면, 세포벽이 얇은 세균의 경우는 염료가 씻겨 나간다. 그래서 염색 후 색깔이 달라지는데, 세포벽이 두꺼워 염색이 그대로 남는 세균이 그람 양성균, 세포벽이 얇아 염료가 씻겨나가는 세균을 그람 음성균이라고 한다. 그람은 원래 세균을 잘 관찰하기 위해 염색법을 개발한 것이었는데, 나중에 이 두 그룹의 세균이 진화적으로도 분명히 구분되는 세균이라는 사실이 밝혀졌다. 그람 양성균에는 황색포도상구균, 폐렴구균, 결핵균 등이, 그람 음성균에는 대장균, 살모넬라균, 녹농균 등이 있다.

앞에서 일부만 소개해도 헷갈릴 정도로 다양한 항생제가 세팔로스포린에 속하고, 종류에 따라서는 그람 양성균, 그람 음성균 할 것 없이 효과적으로 작용하는데, 이번에는 이 항생제가 어떻게 개발되었는지 알아보자. 이 이야기는 이탈리아에 있는 한 섬의 하수 배출구에서 시작된다.

하수 배출구에서 찾아내다

사르데냐는 시칠리아에 이어 이탈리아에서 두 번째로 큰 섬이다. 남한 면적의 약 사분의 일 정도 된다. 1720년 사보이 공국이 이 섬을 얻은 후 사르데냐 왕국이 되었는데, 사르데냐 왕국은 19세기 이탈리아 통일 운동의 중심이었다. 이탈리아어를 공용어로 사용하지만 이탈리아어와는 분명히 구분되는 사르데냐어가 따로 있을 정도로 이탈리아 본토와 공동체적 유대감이 크지 않은 지역이다. 사르데냐 바로 위에 섬이 하나 더 있는데, 11킬로미터 정도 되는 해협을 건너면 그곳이 바로 나폴레옹이 태어난 프랑스령 코르시카다.

사르데냐의 남쪽 끝에 서부 지중해의 중심 항구인 주도 칼리아리가 있다. 이미 몇 가지 항생제가 알려지기 시작한 1940년대 초반, 칼리아리 대학의 교수 주세페 브로추Giuseppe Brotzu, 1895~1976는 아무 시료나 무작정 모아 이것저것 해 보는 게 아니라 보다 합리적인 추론을 통해 항생물질을 찾고 있었다.

브로추는 특히 장티푸스를 치료할 수 있는 항생물질을 찾기를 원했는데, 당시 사르데냐 섬에는 장티푸스가 자주 발생해 많은 사람들이 큰 고통을 받고 있었다. 그런데 장티푸스균인 살모넬라 타이피*Salmonella enterica* Typhi는 베타-락탐 분해효소를 갖고 있어 막 개발된 페니실린도 효과가 없었다. 이 때문에 푸른곰팡이가 장티푸스균에 효과가 있었다는 뒤셴의 연구가 페니실린에 관한 것이 아니었을 거라고 여겨지기도 한다. 브로추는 장티푸스균과 최소한 공존할 수 있는 미생물이라면 장티푸스를 치료할 수 있는 물질을 만들어 낼 거라고 여겼다. 그렇게 해서 생각해 낸 곳이 바로 하수구였다. 바닷가 사람들의 증언도 귀담아들었다. 그는 칼리아리에 있는 하수구의 배출구에서 살다시피하며 시료를 모았다.

그가 모은 시료(말하자면 폐수)를 실험실에서 조사해 봤더니, 그중에는 놀랍게도 거의 무균 상태인 것이 있었다. 그리고 해당 시료를 가져온 폐수관 근처에 세팔로스포리움 아크레모니움*Cephalosporium acremonium*[ii]이라는 곰팡이가 많이 살고 있다는 것을 알아냈다. 브로추는 이 곰팡이가 세균을 죽였을 거라고 생각하고, 이 곰팡이를 배양해 여과액을 만들었다. 이 여과액으로 동물 실험을 해보았고, 결국 장티푸스균을 죽인다는 것을 밝혀냈다. 심지어 자원자를 모집해 사람에게도 테스트를 했다. 그는 이 곰팡이에서 나오는 물질이 장티푸스는 물론이고, 페니실린이 치료하지

[ii] 여기서 세팔로스포린(cephalosporin)이라는 이름이 나왔다. 지금은 학명이 *Acremonium strictum*으로 바뀌었다.

시료로 사용할 하수를 채취하고 있는 브로추

못하는 콜레라와 림프절 페스트까지 치료할 수 있다는 논문을 《칼리아리 보건연구소 저널》에 발표했다. 누구도 주목하지 않을 잡지였다.

이탈리아의 사르데냐에서 영국의 옥스퍼드로

이탈리아에서는 자신의 연구 결과에 누구도 관심 갖지 않을 거라 생각한 브로추는 당시 사르데냐에 와 있던 연합군의 공중보건 담당 블라이드 브룩 박사와 접촉했다. 영국 출신이었던 브룩은 브로추의 발견을 옥스퍼드 대학의 하워드 플로리에게 알렸고, 브로추에게는 플로리에게 곰팡이를 보내 보라고 말했다. 페니실린을 개발하여 노벨상을 수상한 플로리야말로 그 가치를 알고 이후의 일을 진행할 수 있을 거라 여긴 것이었다. 그때가 1948년이었다.

그런데 그때는 플로리와 함께 일하던 체인은 옥스퍼드를 떠난 상태였다. 옥스퍼드 팀에서 체인이 맡았던 역할은 에드워드 에이브러햄Edward Abraham, 1913~1999이 하고 있었다. 히틀러에 관한 이야기에서도 잠깐 언급했던 에이브러햄은 페니실린 개발 당시부터 옥스퍼드 팀의 일원이었고, 1948년에는 화학병리학과의 부교수로, 가이 뉴턴Guy Geoffrey Frederick Newton, 1919~1969이 함께 일하고 있었다.

에이브러햄과 뉴턴은 일단 브로추의 결과가 재현되는지 확인했다. 브로추가 발견하고 보고했던 것처럼 브로추가 보내온 곰팡이에는 정말로 항생물질이 있었다. 그들은 곰팡이로부터 분리한 물질을 곰팡이의 이름을 따 세팔로스포린이라고 불렀다. 그런데 좀 더 자세히 확인해보니 한 가지 종류의 물질이 아니었다. 세 가지 서로 다른 물질로 구성되어 있었고, 세팔로스포린 P와 세팔로스포린 N, 그리고 당시에는 무엇인지 알 수 없었던 제3의 성분이 있었다(나중에 이 물질도 분리되어 세팔로스포린 C로 명명되었다). 이 중 세팔로스포린 P는 스테로이드계 항생제였는데, 이전에는 알려지지 않았기 때문에 학문적으로는 관심을 끌었지만 죽일 수 있는 세균의 범위가 매우 좁았다. 대신 세팔로스포린 N은 항균 효과가 컸는데, 그람 음성균 중 페니실린이 죽이지 못하는 세균에도 효과가 있었다. 그래서 일단 연구는 세팔로스포린 N에 집중되었다.

에이브러햄을 비롯한 연구팀은 전쟁 중 페니실린의 생산 본부였던 의학연구심의회Medical Research Council, MRC 산하 항생제 연구국에 추가 연구를 위해 세팔로스포린을 대량 생산할 수 있도록 도움을 요청했다. 개발 초기에 세팔로스포린 N이 페니실린의 일종이라는 것이 밝혀졌고, 비슷한 시기에 제약회사 애보트Abbott에서 개발한 시네마틴 B와도 동일한 물질이라는 것이 확인되었다. 시네마틴 B 역시 장티푸스균에 효과적이라는 것이 알려져 있었고, 실제로 남아프리카에서 사용되기도 했다. 하지만 세팔로스포린 N과 시네마틴 B는 다른 항생제에 비해 경쟁력이 없어 시판되지 못하고 역사에서 사라졌다.

그런데 그 무렵 처음에 어떤 성분인지 알아내지 못했던 제3의 성분을 에이브러햄과 뉴턴이 제대로 분리해 냈고, 세팔로스포린 C 라고 명명했다. 구조를 분석한 결과 이것이야말로 페니실린과는 다른 새로운 항생제라는 것이 밝혀지게 되었다. 비록 페니실린보 다는 항균력이 떨어져 많은 양을 써야 했지만, 페니실린 분해효소 에도 분해되지 않아 페니실린에 대해 내성을 갖는 세균에도 효과 가 있는 항생제였다.[iii] 그리고 동물 실험에서 페니실린보다 독성 이 약하고, 페니실린에 알레르기가 있는 환자에게도 문제가 없다 는 것도 증명되었다. 물에 녹일 수 있고, 산에 의해서도 쉽게 파괴 되지 않아 경구 투여가 가능했으며, 소장에서 흡수되어 혈액으로 들어갈 수 있었다. 꽤 괜찮은, 아니 아주 유용한 항생제의 발견이 었다. 이 발견 이후 많은 과학자가 이 세팔로스포린 C를 기본 골격 으로 다양하게 변형하여 많은 종류의 세파계 항생제가 개발됐다.

[iii] 1945년 노벨상 수상 연설에서 플레밍이 항생제 내성 세균의 등장을 예고했고, 이미 그 당 시 페니실린 내성 황색포도상구균(PRSA)이 등장하고 있었다.

다시 미국의 거대 제약회사로

그런데 세팔로스포린 중 첫 번째 항생제인 세팔로틴은 1964년에야 일라이릴리에서 시판되어 임상에서 쓰이기 시작했다. 주세페 브로추가 이 항생제를 처음 발견한 것은 1945년, 영국에서 에이브러햄 등이 연구하기 시작해서 효과를 확인한 것이 1948년, 세팔로스포린 C를 분리해서 여러 분석을 통해 유용한 항생제라는 것을 입증한 것이 1954년이었다. 당시는 임상 시험에 대한 규제가 지금처럼 까다롭지 않았는데도 상당히 늦어진 셈이다. 왜 그렇게 늦어졌을까?

연구자가 새로운 약물을 개발하더라도 그게 시장에 나오기 위해서는 제약회사의 참여가 반드시 필요하다. 에이브러햄이 세팔로스포린 C의 구조를 밝혀낼 즈음 영국의 국립연구개발공사National Research Development Corporation, NRDC는 제약회사에 도움을 요청했다. 국립연구개발공사는 2차 대전 중에 전쟁 준비를 위해 정부 주도로 개발된 각종 제품과 기술을 민간으로 이전하기 위해 설립된 조직이었다. 제약회사는 이 새로운 항생제의 발효와 화학 공정상의 문제를 해결하고 대량 생산의 방법을 찾는 대신, 생산된 항생제의 판매 권리를 갖기로 약속하고 참여했다. 하지만 진행이 무척 느렸다. 일단 곰팡이에서 만들어지는 세팔로스포린 C의

양이 너무나도 적었다. 그러나 그 문제는 금방 해결되었다. 브로추가 보내온 세팔로스포리움 아크레모니움 균주 중에서 돌연변이가 나왔는데, 이 균주가 세팔로스포린 C를 많이 만들었다. 일단 양은 확보할 수 있었는데, 또 다른 문제가 생겼다. 시험관에서는 세균을 잘 죽이던 항생제가, 사람 몸에서는 살균력이 현저히 떨어져 약으로 거의 쓸모 없을 지경이었던 것이다.

세팔로스포린이 시험관에서는 효과가 있었지만 생체 내에서는 효과가 없었던 이유는 세팔로스포린의 구조 때문이었다. 앞에서 얘기한 대로 세팔로스포린에는 두 개의 곁가지(작용기)가 있는데, 이 작용기가 간에서 쉽게 잘려 나갔던 것이다. 이런 문제, 즉 시험관에서는 효과가 있지만 정작 생체에서는 효과가 나타나지 않는 것은 그 이후는 물론 지금까지, 그리고 항생제뿐 아니라 거의 모든 약 개발 과정에서 공통적으로 나타나고 있다. 이 때문에 많은 후보물질이 약 개발의 초기 단계에서 우수수 탈락하고 만다. 세팔로스포린의 경우에는 이 문제를 해결하기 위해 엄청나게 많은 작용기를 도입해 시험해 보는 수밖에 없었고, 이는 대학의 실험실 수준으로는 결코 해낼 수 없는 규모였다. 이런 상황이 길어지자, 애초의 제약회사는 감당할 수가 없었고, 결국 미국의 제약회사로 넘어가게 되었다. 오랜 스크리닝 과정을 거쳐 결국 원래 세팔로스포린의 긍정적인 특성은 모두 지키면서 인체 내에서 효능을 갖는 항생제가 나올 수 있었다.[iv] 그 시간이 거의 10년이 걸린 것이다.

예리한 관찰자, 탁월한 행정가, 꼿꼿한 정치가

이 세팔로스포린이라는 항생제 개발에 관한 이야기에서 주목하게 되는 인물은 둘이다. 주세페 브로추와 에드워드 에이브러햄이 그들이다. 이들의 관계는 마치 플레밍과 플로리의 관계처럼 보이지만, 이미 페니실린에서의 경험이 있었기 때문에 브로추는 자신이 발견한 물질의 의미를 플레밍보다 훨씬 잘 알고 있었고, 에이브러햄은 보다 체계적인 방식으로 항생제를 개발해나갔다. 우선 브로추라는 인물에 대해 알아보자.

주세페 브로추는 사르데냐의 칼리아리에서 태어났다. 그는 1919년 칼리아리 대학교를 졸업한 후, 시에나 대학에서 위생학을 배웠고, 1925년에는 볼로냐 대학에서 외과 전공으로 의학을 공부했다. 브로추는 도나토 오톨렝기 교수를 사사했는데, 오톨렝기를 비롯 이탈리아 과학과 공중위생 분야에 뚜렷한 족적을 남긴 학자들의 영향을 많이 받았다. 브로추는 30년 넘게 칼리아리 대학 의학부의 위생학 교수로 지내며, 그 또한 뛰어난 교사로서 위생학, 미생물학, 바이러스학 분야에서 훌륭한 제자들을 배출했다. 말년에는 칼리아리 대학의 총장과 말라리아 대책 공중보건 책임자로 활

iv 그래도 이때는 페니실린 때와는 달리 영국 쪽에서 특허권을 보유하고 있었다.

동하기도 했다.

화려한 경력을 쌓아가던 브로추가 인생에서 가장 큰 어려움에 직면했을 때는 대학의 총장으로 무솔리니의 파시스트 정권과 결탁한 혐의로 고발되었을 때였다. 그는 그런 상황에서도 자신이 해온 일에 대한 자부심을 가지고 대처했다고 한다. 파비아 대학의 조반니 보는 그에 대한 회고문에서 브로추가 자신에게 단 한 번 속내를 보인 적이 있다고 말했다. 고발한 사람들이 자신이 대학의 총장으로서 조국과 대학에 봉사하며 학문적 정당성을 지키려고 행동했다는 것을 인정하지 않는다는 사실에 정말로 씁쓸해 했다는 것이다. 결국 법적으로 정치적 부역 혐의는 벗었고, 다시 정치 활동과 행정 경력을 쌓아갈 수 있었다. 1950년대와 60년대에는 칼리아리시의 시장, 사르데냐 주의 주지사에 당선되어 정치인으로서도 활약했다.

앞서 언급한 보는 브로추를 회상하며 '다양한 성격의 인물'이라고 했다. 표면적으로는 과묵하고 약간은 수수께끼 같은 사람이라고 여겨졌다고 한다. 그런 인상은 창백하고 누르스름한 안색에다 늘 어두운 색의 양복을 입고 다녀서인지도 모른다. 내성적인 성격이었고 행동은 늘 엄격하고 절제되었는데, 보는 그가 결코 손짓 같은 것을 하면서 말을 하지 않았고, 목소리를 높이는 것도 들어보지 못했다고 했다.

하지만 브로추는 자신의 추론과 연설, 관찰에 대해서만큼은 예리했다. 그의 말에는 교묘하고 세련된 유머 감각이 있었고 표현에 빈틈이 없었다. 그는 사르데냐에 깊이 뿌리박힌 가족이라는 전통적 가치에 대해 확고한 믿음을 가지고 있었다고 한다. 브로추는 그렇게 겉보기에는 상당히 건조한 사람이었고, 말도 없고, 감정을 잘 드러내지 않았지만, 사실은 깊은 감수성을 가지고 있었다는 게 보의 회고다.

브로추는 80세까지도 제자들의 연구에 관심을 가졌는데, 이때 그는 정신은 멀쩡하지만 말과 신체적인 능력이 심각하게 손상되는 뇌졸중을 앓고 있었다. 결국 1976년 4월 8일 자신이 태어난 도시 칼리아리에서 81세의 나이로 사망했다. 죽기 전인 1971년에는 옥스퍼드 대학에서 명예 학위를, 1972년에는 영국의 국가연구개발공사에서 상을 받았다. 노벨상 후보에도 올랐지만 스톡홀름으로부터 전화는 받지 못했다.

세균이 자라지 않는 투명한 빈 자리

브로추가 과학자로 활동하며 가장 많은 업적을 쌓은 분야는 위생학이다. 제2차 세계 대전 이전부터, 그리고 전쟁 중에도 그가 가장 관심을 기울인 분야는 사르데냐 섬의 역사 내내 사람들을 괴롭혀왔던 말라리아와 장티푸스였다. 특히 장티푸스에 대한 관심은 이후 세팔로스포린의 발견으로 이어지기도 하는데, 스승인 오톨렝기를 비롯해 대대로 내려온 연구 주제였다. 그는 친구이자 제자인 안토니오 스패네다의 도움을 받아 칼리아리 시의 하수구에서 장티 푸스의 원인균인 살모넬라가 존재하는지 끈질기게 분석해서 병원 균 오염에 관한 지도를 완성했다. 여기까지는 그래도 일상적인 연 구라 할 수 있다.

그의 조사 결과, 칼리아리 시의 하수도에 존재하던 살모넬라 는 바닷물에서는 아주 많이 희석되어 폐수가 바다로 배출된 후에 는 더 이상 검출되지 않았다. 이런 현상은 당연해 보였는데, 여기 서 그의 천재적 통찰이 나왔다. 그는 관찰 자체에 만족하지 않았고 바닷물의 자정 작용 메커니즘을 밝혀내고자 했다. 비록 아주 가끔 이긴 하지만, 하수도 근처의 바닷물을 마신 사람이 장티푸스에 걸 리지 않았고, 피부병을 앓지 않았던 것이다. 그는 폐수가 버려지 는 바닷물에서 살모넬라 균을 분리하려고 배지에 수도 없이 접종 을 해보았고, 그 과정에서 '처녀지taches vierges'라고 불리던 둥근 자 리를 발견하게 된다. 바로 세균이 자라지 않는 현상이 나타난 것이 다. 바로 플레밍이 푸른곰팡이 주변에 황색포도상구균이 자라지 못하는 것을 발견한 것과 같은 것이었다. 이것이 세팔로스포리움 아크레모니움이라고 하는 곰팡이의 이야기, 브로추가 처음에는 마 이세틴mycetin이라고 불렀고, 나중에 옥스퍼드에서 세팔로스포린 이라고 이름 붙여진 항생제의 시작이었다.

브로추는 페트리 접시 가운데에 곰팡이를 놓고 가장자리에 여러 종류의 세균을 접종한 후 3일 동안 배양했다. 세균이 자라지

브로추는 페트리 접시 가운데에 곰팡이를 놓고 가장자리에
여러 종류의 세균을 접종한 후 3일 동안 배양했다. 세균이 자라지 못한 부분이
곰팡이의 항균 작용을 나타낸다.

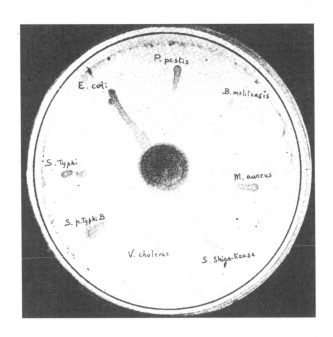

못한 부분이 곰팡이의 항균 작용을 나타낸다.

앞에서 얘기한 대로 브로추는 자신이 발견한 물질의 가능성에 대해 여러 시험관 실험은 물론 (지금은 즉시 허가되지 않을) 인체 실험까지 하면서 확인했다. 그러면서 자신이 굉장히 중요한 치료제를 찾아냈다는 것을 깨달았다. 그는 추가 연구를 위한 계획을 수립하고 프로젝트를 고안해서 여러 이탈리아의 기관에 재정적 지원을 요청했지만, "그들은 대답조차 하지 않았다"고 한다. 낙담한 그는 전후 재건을 위해 와 있던 영국군 군의관 브룩에게 지원을 요청하게 되었고, 결국 영국 옥스퍼드에서 세팔로스포린의 개발이 이뤄지게 되었다.

설파제가 살린 또 한 명의 과학자

에이브러햄은 앞서 히틀리에 대한 이야기를 하면서 옥스퍼드 팀의 일원으로 잠깐 소개한 적이 있다. 옥스퍼드 팀의 주역 플로리, 체인, 히틀리 중에 히틀리만 노벨상을 받지 못해서 그의 불운을 얘기했지만, 옥스퍼드 팀에는 그들 말고도 많은 연구원이 있었다. 그중 가장 기억해야 할 인물이 바로 에드워드 에이브러햄이다.

에이브러햄은 1913년 영국 최남단 사우샘프턴의 셜리에서 태어나, 어릴 때부터 학업은 물론 스포츠에도 재능을 보여 장학금을 받으며 학교를 다녔다고 한다. 1932년에 옥스퍼드 대학 퀸스 칼리지에 들어가 화학을 전공했다. 최우등으로 대학을 졸업하고 다이슨 페린스 연구소Dyson Perrins Laboratory에서 로버트 로빈슨 교수의 지도로 1936년부터 3년간 박사 과정을 보냈다. 당시 그의 연구 주제 중 하나가 바로 라이소자임을 결정화하는 것이었다. 라이소자임은 플레밍이 최초로 발견한 효소였으니, 플레밍과의 인연은 그때부터 시작되었다고 볼 수 있다.

박사 학위를 받은 후 록펠러 재단의 장학금을 받고 스웨덴 스톡홀름의 한스 폰 오일러-첼핀 연구소Hans von Euler-Chelpin's Institute에서 연구했다. 사실 그가 스톡홀름으로 간 이유는 1938년 중반 잠깐 옥스퍼드를 방문했던 아스비외르그 하룽이란 여성 때문이었다. 그녀가 노르웨이로 돌아가 버리자, 에이브러햄은 노르웨이와 가까운 스웨덴으로 따라가 열정적인 편지를 보내고, 가끔 방문하기도 했다. 그는 나중에 유명한 천연물 화학자가 된 홀거 에르트만과도 친했다. 에이브러햄은 아스비외르그에게 쓴 편지에 오일러-첼핀이 별로 인상적이지도 않고, 실망스러웠다고 하면서 만약 오일러가 최고의 동료가 없었다면 그렇게 뛰어난 업적을 남기지 못했을 거라고 했다.

에이브러햄이 스톡홀름에 머물던 시기에 제2차 세계 대전이 발발했다. 하지만 그는 다리에 심각한 감염 증상이 나타나 영국으로 바로 돌아가지 못했다. 세월이 한참 흐른 후 그때를 회상하며 스웨덴 의사가 자신에게 휴식을 취하지 않고, 아미노벤젠술폰아마이드v을 복용하지 않으면 '나무 관짝' 말고는 갈 데가 없을 거라고 했다며 낄낄대기도 했다. 감염에서 회복된 후 1939년에 11월 노르웨이의 베르겐으로 건너가 아스비외르그와 결혼식을 올렸고, 그해 말 영국에 홀로 귀국했다.vi 원래는 박사 학위를 받은 다이슨 페린스 연구소로 돌아가려고 했지만, 지도 교수였던 로빈슨은 연구 주제를 바꾸고 있었다. 대신 그가 간 곳은 다이슨 페린스 연구소 바로 아래 있는 윌리엄 던 병리학 교실의 하워드 플로리 연구실이었다. 플로리는 군대에 자원해서 참전하려던 에이브러햄을 말렸고, 당시 창상 감염을 연구하고 있던 언스트 체인을 돕도록 했다.

세팔로스포린의 구조를 밝히다

에이브러햄이 플로리, 체인, 히틀리의 옥스퍼드 팀에 합류했을 때는 이미 페니실린에 대한 연구가 한창 진행되고 있었다. 비록 그는 생쥐에서 페니실린의 효과를 확인한 첫 논문(1940년 8월, 《랜

v 독일의 게르하르트 도마크가 개발한 프론토실, 즉 설파제를 말한다(5장 참조).

vi 그녀는 노르웨이를 서둘러 떠나는 것을 꺼리다 1940년 나치 독일의 침공으로 발이 묶여버렸다. 이후 중립국에 있는 화학자 에르트만을 통해 가끔 연락할 수 있었다. 당시 그녀의 편지에는 이별로 인한 체념과 다시 만나기를 기다린다는 기대가 섞여 있었다. 1941년 말 그녀는 산을 넘어 스웨덴으로 탈출해서 이듬해 11월에 에이브러햄과 재회했다.

싯》)에는 저자로 포함되지는 못했지만, 페니실린의 생산과 정제에
는 관여하고 있었다. 특히 당시 새로운 실험 기법이었던 알루미나
크로마토그래피법을 개발하고 활용하는데 많은 공헌을 했다. 페니
실린을 사람에게 처방한 결과를 정리한 논문(1941년 8월《랜싯》)에
는 이름이 실리게 된다. 1940년에는 페니실린 계열의 항생제에 내
성을 일으키는 페니실린 분해효소를 발견하여 단독으로《네이처》
에 논문을 냈다.vii 이 논문은 항생제 내성을 보고한 첫 논문이라고
할 수 있다.

1943년에는 언스트 체인과 함께 페니실린의 구조를 분석해
2개의 고리가 융합된 베타-락탐 구조를 제안했다. 당시에는 추측
수준이었던 페니실린의 구조는 1945년에 도러시 호지킨이 엑스선
결정학으로 실제 확인하였다.viii 1948년 플로리는 옥스퍼드 대학
링컨 칼리지의 첫 '페니실린' 연구 펠로우 세 사람 중 한 명으로 에
이브러햄을 지명하면서 그의 업적을 공식적으로 인정했다.

vii Abraham EP. An Enzyme from Bacteria able to Destroy Penicillin. *Nature* 1940;
146(3713):837.

viii 도러시 호지킨은 페니실린을 비롯해 인슐린 등 여러 물질의 구조를 밝혀낸 업적으로
1964년에 노벨 화학상을 받았다. 호지킨은 본인의 업적으로도 유명하지만 한 제자 때문에도
이름이 오르내린다. 그의 옥스퍼드 제자로 마거릿 로버츠(Margaret Hilda Roberts)라는 학생
이 있었다. 로버츠는 학부 때 호지킨의 지도로 그라미시딘이라는 항생제에 대한 결정 실험으
로 졸업논문을 썼다. 학부를 졸업한 후에는 전공을 살려 취직했지만 적성에 맞지 않았는지,
혹은 자신의 야심에 모자랐는지 곧 다른 진로를 찾았는데, 그게 바로 정치였다. 결혼 후에는
남편의 성을 따라 처녀 때와 다른 이름으로 불렸다. 남편의 이름은 데니스 대처였다. 바로 '철
의 여인'이라 불린 영국 최초의 여성 총리 마거릿 대처다.

이후에는 바로 브로추가 찾은 곰팡이와의 인연이 시작되었다. 1948년 플로리에게 항균 작용이 있다는 세팔로스포리움 아크레모니움이라는 곰팡이 샘플을 전달받았다. 이탈리아의 브로추가 보내온 것이었다. 그는 가이 뉴턴과 함께 이 곰팡이에서 항생물질을 정제해 냈다. 쉽게 정체를 밝힐 수 없었던 세팔로스포린 C를 찾아 냈고, 이 물질이 페니실린 분해효소에 의해 분해되지 않는다는 것을 밝혔다. 이제 페니실린 내성 세균에 의한 감염도 치료할 수 있다는 것을 알아낸 것이었다. 세팔로스포린 C의 구조를 생각해 낸 것도 그였는데, 1958년 스키 휴가를 가서였다고 한다. 그가 생각했던 세팔로스포린 C의 구조도 호지킨에 의해 확인되었다. 에이브러햄은 구조 변형을 통해서 항생제의 효능을 증가시킬 수 있다는 것도 알아내 변형된 화합물에 대한 특허를 등록했다. 이 특허에 기반하여 일라이릴리가 최초로 시판한 세팔로스포린 계열 항생제인 세팔로틴이 탄생했다.

에이브러햄은 1964년에 옥스퍼드 대학의 화학병리학 교수가 되었고, 1980년 은퇴할 때까지 링컨 칼리지의 펠로우로 있었다. 에이브러햄은 1999년 5월 심장마비로 죽었다.

약으로 만들려면 수많은 기초 연구가 쌓여야 한다

앞에서 브로추와 에이브러햄 말고 잠깐이지만 한 사람의 이름을 더 언급했다. 바로 가이 뉴턴이다. 에이브러햄과 함께 세팔로스포린을 개발한 가이 뉴턴은 항생제의 역사에서 중요한 역할을 했지만, 에이브러햄보다 더 뒤에 숨은 과학자다. 그는 젊었을 때는 뛰어난 조정 선수였고, '뛰어난 젊은 유기화학자'로 언론에 소개되기도 했다.

영국의 케임브리지셔에서 태어난 케임브리지 대학의 트리니티홀 칼리지에 입학했다. 그런데 대학에 들어가고 얼마 안 있어 제2차 세계 대전이 발발했다. 그는 특수부대에 지원했고, 적진에 침투해 작전을 수행하는 활약을 보여 군십자훈장을 받았다. 전쟁이 끝나고 1946년에 트리니티홀로 돌아와 학업을 이어갔다. 하워드 플로리는 《네이처》에 연구원 공고를 냈었는데, 뉴턴이 그 공고를 보고 플로리를 찾아가면서 옥스퍼드 연구진과 인연이 시작된다. 뉴턴은 에이브러햄과 세팔로스포린 C를 정제하고 그 구조를 확립하는 연구로 1951년에 박사 학위를 받았다. 이후 의학연구위원회의 외부 위원을 거쳐, 옥스퍼드 세인트 크로스 칼리지의 선임연구원과 펠로우가 되었다.

뉴턴은 펩타이드 계열의 항생제인 바시트라신을 분리해 아미

실험에 대해 토론하고 있는 에이브러햄과 가이 뉴턴(오른쪽)

노산의 서열을 결정하는 과정에서 티아졸린 고리가 포함돼 있다는 것을 밝혀냈다. 무엇보다 그는 세팔로스포린 항생제를 개발하면서 그 구조를 밝혀내고, 새로운 작용기로 대체하는 화학적 연구를 주도적으로 수행했다. 앞에서 말한 것처럼 에이브러햄과 함께 취득한 세팔로스포린 특허의 로열티를 기부해 설립한 '가이 뉴턴 연구기금'은 옥스퍼드 윌리엄 던 병리학 교실의 의학과 생물학, 화학 연구를 지원하고 있다.

1969년 새해 첫날 뉴턴은 한창 활동할 나이인 49세에 갑자기 세상을 떠났다. 《네이처》에 실린 부고는 그의 성격을 잘 표현해 주고 있다.

"가이 뉴턴은 이기적이지 않고, 가식이 없는, 참으로 진실한 사람이었다. 그는 매사에 성실했고, 모든 디테일을 꼼꼼히 살폈다. 이러한 그의 성격은 그의 과학적 업적에 적지 않게 기여했다."

벽돌 한 장을 올리고, 이음매 하나를 넣는다는 것

이번 장에서는 세팔로스포린이라는 항생제를 찾아내고 약으로 만든 이들을 만나 보았다. 세팔로스포린이 발견되고, 실제 항생제로 개발되는 과정은 페니실린의 개발 과정과 닮은 듯, 달랐다.

발견한 브로추도 자신이 무엇을 하고 있는지 정확하게 알고 있었고, 개발 과정을 주도한 에이브러햄과 뉴턴도 무엇을 해야 할지 제대로 알고 있었다. 그럼에도 연구 개발에는 상당한 기간이 소요되었다. 이런 지난하고 지루하고 오랜 시간이 걸리는 과정은 이후 거의 모든 의약품 개발 프로세스에서 빠짐없이 발견된다.

가이 뉴턴은 물론이고, 주세페 브로추나 에드워드 에이브러햄을 아는 사람은 많지 않다. 우리는 그들이 발견하고 만든 항생제의 혜택을 보며 살아간다. 이들의 삶과 연구에 관심을 갖는 것은 현재 그들보다 더 이름 없이 과학의 벽돌 한 장을 쌓고, 이음매 하나를 이어나가는 연구자들을 이해하고 평가하는 작은 배경이 되어 줄 것이다.

History of
Antibiotics

2

노벨상의 영광
뒤에는

4장

'그들의 도움으로'라는
말 한마디

첫 번째 매독 치료제, 살바르산
알프레드 베르트하임, 하타 사하치로

1938년 11월, 일본 게이오 대학의 부속병원

병상의 하타 사하치로는 다시는 병원을 나서지 못하리라는 것을 직감했다. 아직 할 일이 많다고 여겼지만 병은 깊었다. 일본의 세균학과 전염병학의 권위자로, 노벨상 후보로 언급될 정도로 명성을 누린 삶이었지만 나이들어 찾아온 죽음을 어찌할 순 없었다. 하타는 죽음을 앞둔 병상에서 어떤 생각을 했을까? 어쩌면 삼십여 년 전 그와의 만남을 떠올렸을지 도 모른다.

내가 그때 베를린에 가게 된 것은 행운이었어. 스승 기타자토를 대신해 일본 정부 대표로 국제 회의에 참석해 논문을 발표한 것도 행운이었고, 그곳에서 또 한 명의 스승을 만나게 된 것도 행운이었지. 어쩌면 운명이었을는지도 몰라.

그는 천천히 다가와 내게 물었어. "페스트를 얼마나 오래 연구했나요? 위험하지는 않았나요" 나는 그가 누군지도 몰랐고, 그저 내 생각을 말했을 뿐이었다. 그가 미소를 띠고 사라진 후에야 누군가 아까 그 사람이 파울이라고 알려 줬지. 세계적인 면역학자이자 세균학자가 내게 관심을 보였던 거야. 그렇게 친근할 수 없는 목소리로. 내 가슴은 벅찼고, 앞으로 그와 무언가를 함께 하게 될 거란 걸 직감했지.

나는 바로 돌아갈 수 없었어. 그렇게 넓은 세상을 봤는데 어떻게 일본으로 바로 돌아갈 수 있겠어. 그곳에서 더 배워야 했고, 일본으로 돌아가 배운 걸 선배와 후배에게 알려줘야 했고, 일본 국민들에게 도움을 줘야 했어. 몇 군데의 연구실을 거쳐 정착한 곳이 바로 그때의 그 친절한 노인, 파울의 연구실이었지. 그래 파울과의 인연은 운명이었는지도 몰라.

그곳에서 보낸 건 채 이 년도 되지 않지만 정말 행복했어. 정말 맘껏 연구한 시절이었어. 파울과 나, 아! 그리고 알프레드도 있었지, 우리는 성공을 믿었고, 우리 연구가 인류에게 도움이 될 거란 확신이 있었어. 우리는 성공했고, 우리의 약은 많은 사람을 살렸지. 도마크 박사의 그 약 말고는 아직도 감염병을 치료하는 제대로 된 약은 우리 것 말고는 없는 걸 봐도 우리 연구가 얼마나 대단한지 알 수 있지. 이제 얼마 남지 않은 삶, 길지 않은 삶이었지만 그래도 사람들이 기억해 줄 만하지 않을까?

며칠 후 그는 세상을 떠났고, 장례식에는 약 2000명의 조문객이 참석하여 그의 학문적 업적과 품성에 경의를 표했다.

마법의 탄환, 살바르산

페니실린 이전에 살바르산Salvarsan이 있었다. 화합물명으로는 아르스페나민arsphenamine이라고 하는 이 물질은 파울 에를리히Paul Erhlich, 1854~1915의 집념의 산물이었다. 1908년에 이미 면역학 이론으로 노벨 생리의학상을 수상한 명망 높은 과학자였던 에를리히는, 수상 바로 다음 해 이른바 '마법의 탄환magic bullet'을 만들어 냈다. 매독의 치료약인 살바르산은 비록 정식 항생제로 인정되지는 않지만, 화학 요법chemotherapy, 즉 병원균이나 암세포를 화학 물질로 파괴하는 치료법의 서막을 연 약물이다.

살바르산, 즉 아르스페나민은 아조벤젠azobenzene에서 질소의 이중결합 대신 비소의 이중결합이 있는 것으로 오랫동안 생각했다. 2005년에 이 구조가 잘못되었다는 게 밝혀졌는데, 가장 중요하게는 비소와 비소 사이의 결합이 이중결합이 아니라는 것이었다. 비소와 비소 사이에 이중결합이 있는 3-아미노-4-하이드록시페닐(3-amino-4-hydroxypenyl, R로 표기)기 2개로 이루어진 단일 분자로 생각했던 살바르산은, 실제로는 두 물질의 혼합물이었다. 이 두 물질이 산화물인 $R-As(OH)_2$를 방출하면서 세균을 죽이는 것으로 보고 있다.

애초에 생각했던 살바르산의 구조

실제 살바르산을 이루는 두 가지 물질

살바르산에서 중심이 되는 원소는 바로 비소arsenic, As다. 20세기 초반은 추리소설의 전성기였다. 우리가 잘 아는 애거사 크리스티의 수많은 소설이 바로 이때 나왔다. 약학을 공부하기도 했던 크리스티는 소설 속에서 비소를 이용한 살인을 즐겼다(?). 비소 자체가 독약이었다. 그러던 비소가 유기화합물의 성분 중 하나로 들어오면서 비소의 독성이 조금 약해졌고, 그러면서 세균을 죽일 수 있게 된 것이다. 살바르산은 에를리히를 지원했던 독일의 제약회사 훽스트Hoechst에서 '매독 환자를 구원하는salvage 비소 화합물arsenic'이라는 뜻으로 지은 상표명이다.

에를리히가 애초에 비소와 온갖 염료를 이용해 치료약을 찾으려 했던 질병은 매독이 아니라 아프리카수면병이었다. 아프리카수면병은 아프리카의 풍토병으로, 체체파리가 트리파노소마*Trypanosoma*라고 하는 원생생물을 사람에게 옮기면서 발병한다. 당시 이 질병은 유럽의 제국주의 국가들이 아프리카를 식민지로 삼는 데 큰 걸림돌 중 하나였다. 에를리히가 어떤 생각으로 아프리카수면병을 목표로 했는지는 모르겠지만, 독일을 비롯한 유럽 국가들 입장에서는 아프리카수면병의 백신이나 치료제를 무척 고대하고 있었다. 하지만 수많은 비소 화합물을 만들어 시험을 해 보아도 아프리카수면병의 치료약 연구는 큰 진전이 없었다. 그런데 606번째 물질i이 매독에 효과를 보인 것이다.

i 606번째로 합성한 물질이 아니라 6번째 그룹의 6번째 물질이라는 얘기도 있다.

치료할 수 없었던 병, 매독

매독은 매독에 걸렸거나 매독균을 보균한 사람과 성적 접촉을 통해 감염된다. 매독을 일으키는 것은 트레포네마 팔리듐 *Treponema pallidum*이라는 세균인데, 이 사실은 1905년에야 독일의 프리츠 쇼딘과 에리히 호프만에 의해 밝혀졌다. 이른바 '콜럼버스의 교환Exchange of Columbus'에 의해 아메리카 대륙에서 유럽으로 전해졌다고 하지만, 이에 관해서는 논란이 많다. 사실 15세기 이전에도 유럽에 매독에 걸린 사람이 있었을 것으로 추정되기 때문이다. 역사학자들은 16세기 유럽 인구의 약 20퍼센트가 매독에 감염되었을 걸로 추산한다.

영국의 헨리 8세와 러시아의 이반 뇌제의 광기도 매독으로 인한 걸로 보고 있고, 마키아벨리《군주론》의 실제 모델이라고 하는 체사레 보르자도 매독으로 고생했다고 한다. 예술가들은 많이 걸렸을 것으로 짐작되는데, 작곡가로는 볼프강 모차르트, 루드비히 판 베토벤, 프란츠 슈베르트, 로베르트 슈만이, 작가로는 샤를 보들레르, 귀스타브 플로베르, 기 드 모파상, 표도르 도스토옙스키, 오스카 와일드, 알퐁스 도데, 아르튀르 랭보, 제임스 조이스가, 화가로는 에두아르 마네, 빈센트 반 고흐, 툴루즈 로트렉, 철학자도 예외가 없어 아르투어 쇼펜하우어, 프리드리히 니체 등이 모두 매독에 걸린 것으로 알려져 있다. 매독은 미국에도 퍼졌는데, 많은 사람이 존경하는 링컨 역시 부부가 모두 매독에 걸렸을 것으로 추정하고 있다.

1기 매독에서는 주로 통증이 없는 피부궤양만 발생하고, 증상도 감염 이후 상당 기간 이후에 나타나기 때문에 다른 질병과 구분하는 것이 상당히 어렵다. 그래서 '현대 의학의 아버지'라 불리는 윌리엄 오슬러는 20세기 초에 "매독을 아는 의사가 의학을 아는 의사다"라고 말하기까지 했다. 그러나 여성의 경우에는 1기 매독 증세인 피부궤양이 나타나지 않는다. 대신 2기 매독이 되면 목 주위에 멜라닌 색소가 나타나는데, 이를 두고 '비너스의 목걸이'라고 부르기도 했다. 르네상스 말기에 목 주위에 레이스로 주름 장식을 여러 겹 두른 의상이 유행했는데, 여자들에게 나타나는 2기 매독 증상을 감추기 위한 것이라는 주장도 있다.

살바르산이 나오기 이전 매독에 대한 유일한 치료제는 수은이었다. 수은은 고대부터 피부병 치료제로 쓰였는데, 수은을 태워 연기로 훈증하거나 수은을 바탕으로 제조한 용제로 궤양에 문지르거나 씻기도 했으며, 정제해서 시럽으로 먹기도 했다. 하지만 실제로는 매독을 치료하는 게 아니라 단지 병의 진행만 늦출 뿐이었고, 수은의 독성 때문에 질식, 현기증, 정신착란과 같은 부작용도 심했다. 다른 치료제가 없는 상황이라 수은을 쓸 수밖에 없어서, "베누스(비너스)와의 하룻밤, 수은과의 한평생"이라는 말까지 나왔다. 수은으로 매독을 치료하는 방법이란 것은 결국 매독 환자를 서서히 죽이는 것과 다를 바가 없었다. 다른 모든 감염병과 마찬가지로, 매독도 새로운 치료제를 간절히 기다리고 있었다.

화학자, 베르트하임

최초의 화학 요법 치료약인 살바르산은 누구라도 파울 에를리히의 업적이라고 말한다. 실제로 파울 에를리히의 대표적 업적 중 하나이기도 하다. 이제는 노벨상을 받은 업적보다 살바르산이 에를리히를 더 잘 떠올리게 한다. 에를리히는 살바르산으로 대단한 칭송을 받았고, 부도덕한 질병을 치료했다는 비난도 적지 않게 받았다.

그런데 모든 일이 그렇듯, 파울 에를리히의 살바르산 연구에도 함께 등장하는 인물들이 있다. 바로 알프레드 베르트하임 Alfred Bertheim, 1879~1914과 하타 사하치로秦佐八郎, 1873~1938다. 어떤 경우엔 베르트하임만, 또 어떤 경우엔 하타만 에를리히와 더불어 나오고, 드물지만 베르트하임과 하타를 에를리히와 함께 언급하는 경우도 있다. 사람들은 대체로 이들의 이름을 흘리듯 지나친다.

우선 베르트하임에 대한 기록은 참 적다. 그 기록을 모아 정리하면 다음과 같다. 베르트하임은 1879년 독일의 베를린에서 태어났다. 스트라스부르그(지금은 프랑스에 속하지만 독일 국경과 가까워 독일과 프랑스 영토를 왔다 갔다 했다)와 베를린에서 화학을 배웠고,

1901년에 박사 학위를 받았다. 박사 학위를 받은 후에는 아르투르 로젠하임 교수의 조수로 일했다. 1904년부터 1905년까지 비터펠트에서 공장 화학자로 일하다 1906년 7월에 프랑크푸르트에 설립된 게오르크-슈파이어-하우스Georg-Speyer-Haus[ii]로 옮겨 파울 에를리히와 함께 일을 했다. 베르트하임은 공장 화학자로 근무할 때 고객의 주문을 받아 화합물을 만드는 일을 했는데, 에를리히와도 교류하고 있었다. 에를리히는 아프리카수면병(혹은 매독) 치료제를 만드는 데 그의 도움이 필요했고, 그래서 베르트하임을 영입한 것이었다.

　베르트하임은 에를리히의 실험실에서 그동안 잘못 알려졌던 아톡실atoxyl의 화학 구조를 바로잡았다. 하지만 정작 살바르산의 화학 구조는 잘못 알고 있었다. 오랫동안 많이 사람이 잘못 알고 있었을 정도로 쉬운 구조는 아니었다, 그리고 900개가 넘는 화합물을 만들었다. 그가 만든 수많은 아르세노벤젠arsenobenzene 화합물 중 606번째 물질이 바로 살바르산이었다. 또한 1911년에는 살바르산보다 독성이 적으면서 물에 잘 녹는 네오살바르산 neosalvarsan을 만들어 냈다. 이 물질의 번호는 914번이었다. 1914년

---

ii 게오르크-슈파이어-하우스 화학 요법 연구소(Chemotherapeutische Forschungsinstitut Georg-Speyer-Haus)는 은행가였던 게오르크 슈파이어가 죽은 후 그의 부인 프란지스카 슈파이어가 에를리히의 연구를 지원하기 위해 1904년에 설립한 연구소다. 에를리히는 이 연구소의 이사로 재직하며 화학 요법을 연구했다. 현재는 프랑크푸르트 대학과 연계하여 종양학 연구를 주로 한다.

2월 그는 에를리히의 추천으로 게오르크-슈파이어-하우스의 정식 과학자가 되었지만, 제1차 세계 대전이 터지자 자원하여 입대했고, 그해 8월 베를린에서 사고로 사망했다. 그에 대한 기록이 그토록 적은 건 그가 일찍 세상을 떠난 이유도 있을 것이다. 샌프란시스코 대학의 리Jie Jack Li 교수와 하버드 대학의 일라이어스 코리Elias J. Corey 교수의 《약의 발견Drug Discovery》에서 알프레드 베르트하임을 최초의 의학 화학자medicinal chemist로 평가하고 있다.

길지 않은 그의 이력에 등장하는 약물이 두 가지 있다. 하나는 살바르산(네오살바르산 포함)이고, 또 하나는 아톡실이다. 우선 아톡실은 살바르산 합성 과정 상에 있는 물질이었다. 화학명으로는 아닐리드anilide라고 하는 아톡실은 프랑스의 화학자 앙투안 베샹이 1859년에 아닐린과 비산arsenic acid을 섞어 가열해 만든 물질이다. 베샹은 루이 파스퇴르의 라이벌로도 유명한데, 발효 현상을 누가 처음 발견했는지를 두고 오랫동안 다툼을 벌였고, 파스퇴르의 업적으로 알려져 있는 누에병의 원인을 두고도 논쟁을 벌였다.

베샹은 '독성toxic이 없다a-'는 의미로 자신이 이름 붙인 아톡실이 기존의 비소보다 40~50배 가량 독성이 약하다고 보고했는데, 그는 자신이 만든 물질이 감염병의 치료제가 될 수 있다는 생각은 하지 않았던 것으로 보인다. 그러던 중 1905년에 영국의 과학자들이 아톡실이 동물에서 트리파노소마증, 즉 아프리카수면병에 효과가 있다는 것을 보고하면서 관심이 높아졌고, 사람에게도 처방하기 시작했다. 아프리카 대륙 침탈에 혈안이 되어 있던 유럽 열강의 입장에서는 이보다 고마운 약이 없었을 것이다. 특히 코흐는 직접 동아프리카에 가서 원주민 환자를 대상으로 임상 시험을 했다. 하지만 아톡실은 많은 양을 투여해야만 효과가 있었고, 처방한 환자 중 적지 않은 수가 실명 등의 부작용을 겪으면서 의약품에서 퇴출되었다. 지금은 실험실에서 나노 입자 관련 실험에 사용된다고 한다.

에를리히는 아프리카에서 임상 시험에 실패했는데도 (윤리적으로도 문제가 있었다) 아톡실을 계속 연구했다. 그는 독성이 있는 아톡실을 화학적으로 변형하면 쓸 만한 약이 나올 것으로 생각했다. 그래서 화합물 구조 분석과 제조에 일가견이 있는 베르트하임을 영입했고, 그 결과 아톡실의 구조를 제대로 밝혀내고, 또 그가 만든 수많은 화합물 중에서 살바르산이라는 최초의 화학 치료 요법을 개발해 내게 된다.

하타, 에를리히를 만나다

앞서 이야기한 대로 에를리히의 애초 목표는 아프리카수면병이었다. 606번째 화합물도 트리파노소마에 효과가 있기를 기대했고 실제로 효과도 조금 있었다. 그런데 어떻게 매독으로 목표가 바뀌었을까? 거기에는 일본에서 온 의사 하타 사하치로의 결정적인 조언이 있었다. 에를리히는 매독균이 아프리카수면병을 일으키는

트리파노소마와 밀접한 관계가 있을 거라고 봤고(착각이었다!)[iii],
이에 기초해서 하타는 실험실의 화합물이 매독균에 효과적인지 동
물 실험을 해 볼 것을 제안했다. 에를리히의 허락을 받은 하타는
매독균을 감염시킨 토끼에 '화합물 606', 즉 아르스페나민을 주사
했고, 결과는 대성공이었다. 이제 목표가 바뀐 것이다. 아프리카수
면병 치료제보다 매독 치료제가 더 많은 사람이 원하는 약이었다.

하타는 1873년 일본 시마네현 쓰모무라(지금의 마스다)에서
야마네 가문의 여덟째 아들로 태어났다. 그의 성이 하타가 된 것은
열네 살에 하타 가문으로 입양되었기 때문이다. 하타 가문은 대대
로 의사 집안이었고, 하타도 현재의 오카야마 의과대학에서 의학
교육을 받았다.

그가 세균학 연구에 본격적으로 뛰어든 것은 1898년부터 8년
간 기타자토 시바사부로가 이끄는 전염병 연구소에서 림프절 페
스트를 연구하면서부터다. 기타자토는 로베르트 코흐 밑에서 에
밀 폰 베링과 함께 디프테리아 항체를 개발했고, 베링은 이 업적으
로 1901년 제1회 노벨 생리의학상을 수상했다. 기타자토가 수상
자에서 제외된 것을 두고 선정 당시에도 논란이 많았다. 기타자토
는 페스트균의 최초 발견을 두고 알렉상드르 예르생과 경쟁하기
도 했다. 기타자토는 그야말로 20세기 초 일본 미생물학의 태두이
자 최고 권위자였다. 하타는 기타자토의 조수로 일하며 페스트 등

---

iii 트리파노소마는 원생생물이고, 매독균은 세균으로 서로 다르다.

파울 에를리히(왼쪽)와 하타 사하치로

감염병의 예방법을 연구를 했고, 1899년에는 일본 최초로 제정된 질병 통제를 위한 법적 조치인 '전염병 예방법'을 만드는 데 참여하기도 했다. 1904년에는 러일 전쟁이 발발하자 남만주에서 군의관으로 참전했다.

1907년 하타는 독일로 가게 되는데, 일본 정부가 베를린에서 열리는 제14차 국제위생 및 인구통계학회에 기타자토 대신 하타를 보낸 것이었다. 그는 학회에서 기타자토의 '일본의 전염병 분포와 예방'이라는 논문을 대신 발표했다. 여기서 그는 인생의 커다란 전환점이 된 사람을 만났다. 논문 발표 후 앞에서 셋째 줄에 앉아 있었는데 그에게 친근하게 다가와 말을 건네는 나이 든 학자가 있었다. 다음은 하타의 회상이다.

> "하타 박사는 페스트에 대해 얼마나 오래 연구했습니까?"
> "약 8년 정도 되었습니다."
> "흠. 그렇게 오래 연구하는 동안 위험하지는 않았나요?"
> "페스트가 유행하는 실제 현장에 가면 위험할 수 있겠죠. 하지만 실험실에서 하는 일은 별로 위험하지 않습니다. 교도관이 죄수에게 공격받는 것이 칭찬받을 일은 아니니까요."
> "그럴 수도 있겠네요."

그러고는 그 학자는 회의실을 나갔고, 누군가 하타에게 다가와 "이제 막 독일에 왔는데, 에를리히와 그렇게 친근하게 얘기할 수 있었다는 건 정말 행운이에요"라고 했다. 하타는 그제야 자신이 대화를 나눈 상대가 파울 에를리히라는 걸 알게 되었다. 에를리히도 그때 하타가 어떤 사람인지를 알게 되었다고 한다.

하타는 이후 베를린의 코흐 연구소에서 1년, 모아비트 병원에서 3개월간 연구한 후 1909년 1월 프랑크푸르트에 있는 게오르크-슈파이어-하우스의 파울 에를리히 연구실로 옮겼다. 그가 에를리히의 연구소로 옮겼을 때는 이미 베르트하임이 비소 기반 화합물을 많이 합성해 놓은 상태였다. 하타에게 주어진 임무는 이들 화합물의 효과를 검증하는 것이었는데, 그중에는 트리파노소마에 조금 효과가 있던 '화합물 606'이 있었다. 앞서 얘기한 대로 하타는 이 화합물을 매독균에 시험해 보자고 제안했고, 허락을 받고 토끼에게 시험을 시작했다. 어떤 기록은 하타 이전에 일했던 에를리히의 조수들이 이 화합물로 매독균에 이미 실험을 했었고, 효과가 없었다는 결과를 얻었다고 한다. 아마도 부적절한 방법으로 연구를 했던 걸로 보이는데, 이로 인해 살바르산이 매독에 효과가 있다는 사실을 발견하는 것이 늦어졌지만, 그 덕분에 기회가 하타에게 돌아온 셈이었다. 에를리히는 "하타가 없었으면 이렇게 빨리 성공하지 못했을 것이다"라며 그의 공로를 인정했다.

매독 치료제가 개발되었다는 보고는 1910년 4월 비스바덴에서 열린 내과의사회에서 공식적으로 발표되었다. 에를리히와 하타는 아르스페나민이 매독에 효과적이라는 임상 시험 결과를 발표했고, 이 화합물은 살바르산이란 이름으로 획스트에서 판매되었다. 살바르산과 에를리히는 (거기에 하타와 베르트하임이 포함되었는지는 분명치 않지만) 많은 사람에게 큰 찬사를 받았다. 말하자면 최초의 블록버스터 의약품이었다. 최초의 감염병 치료제였으니 찬사는 당연한 일이었지만, 일부에서는 비난도 있었다. 당시 매독이라는 질병은 '부도덕한' 질병으로 낙인 찍혀 있었다. 매독이야말로 신의 징벌이고, 따라서 치료할 필요가 없다고 생각하는 사람들이 있었던 것이다. 에를리히와 하타, 베르트하임이 개발한 살바르산이 신의 징벌을 인간이 피할 수 있게 만들었다면서 비난한 것이다. 살바르산으로 매독을 치료하는 데는 매우 복잡한 과정을 거쳐야 했고, 완치까지 무려 18개월이나 걸리기도 했다. 비소 자체로도 수은과는 비교할 수도 없지만, 부작용도 적지 않았다. 부작용이 그보다 적은 네오살바르산이 나온 이후로는 이 물질이 한동안 매독의 표준 치료제로 자리 잡았고, 페니실린이 등장한 이후로는 쓸 이유가 없어졌다.

살바르산과 네오살바르산은 아직 완벽하지는 않았지만, 실험실에서 만든 화학 물질로 감염병을 치료할 수 있다는 사실을 입증했다. 이는 다른 연구자와 제약회사를 자극했고, 바이엘에서 게르하르트 도마크가 개발한 프론토실뿐 아니라 다른 의약품의 개발로 이어졌다. 훽스트는 살바르산과 네오살바르산으로 엄청난 돈을 벌어들였고, 독일에서 가장 잘 나가는 제약회사 중 하나가 되었다.

1910년 9월 하타는 일본으로 돌아왔다. 일본에서 매독에 대한 아르스페나민의 효과를 검증하는 연구를 계속하는 한편, 매독 치료를 위해 신약인 살바르산의 올바른 사용법을 알리는 데 힘을 쏟았다. 하타는 일본에 돌아와서도 에를리히와 연락을 끊지 않았는데, 에를리히가 세상을 떠난 후에는 에를리히의 부인과 계속 연락했다. 에를리히의 부인은 전쟁(제1차 세계 대전) 이후 독일에 물자가 매우 부족한 시기에 하타가 베푼 친절에 대단히 고마워했다고 한다.[iv]

스승이 세운 기타자토 연구소의 소장이 된 하타는 살바르산에 관한 연구를 계속하여 살바르산이 다른 감염병에도 효과적이라는 것을 보여 주었다. 항말라리아제인 하이드록시퀴놀린의 전구체에 해당하는 퀴놀린의 합성에 관한 연구와 함께 의약품의 원료가 되는 아크리딘 유도체도 연구했다. 노벨 재단의 후보자 명단을 보면 하타는 세 번이나 노벨상 후보로 거론되었다.[v] 첫 번째는 1911년 파울 에를리히와 함께 노벨 화학상 후보로,[vi] 1912년에는 에를리히와 공동으로, 1913년에는 단독으로 생리의학상 후보로 올랐으나 수상에는 실패했다. 그는 1938년 11월 66세의 나이로 사망했다.

iv 일본은 제1차 세계 대전에서 전승국의 일원이었다.

v https://www.nobelprize.org/nomination/archive/show_people.php?id=3941

vi 파울 에를리히는 1908년에 이미 노벨 생리의학상을 받았으나 다시 수상 후보에 올랐다. 1911년의 노벨 화학상은 마리 퀴리가 단독 수상했다.

'누구누구의 도움으로'라는 말의 의미

살바르산과 관련하여 가장 큰 영광을 얻은 사람은 에를리히였다. 그는 충분히 그럴 만한 자격이 있다. 그는 연구원에게 일을 시켜 놓고 뒤로 물러나 뒷짐이나 지고 있는 사람이 아니었다. 염료를 손에서 놓지 않았던 그에 대해 토머스 헤이거는 "파랑, 노랑, 빨강, 초록 손가락의 남자"라고 묘사하기까지 했다. 그런데 살바르산과 관련한 그의 업적을 베르트하임이나 하타와 분리해서 얘기할수 있을까? 베트르하임이나 하타는 그저 '베르트하임의 도움으로'혹은 '하타의 도움으로'란 말 한마디로 지나가도 될 정도의 조력자일 뿐이었을까? 살바르산 연구는 결코 에를리히 혼자의 힘으로 이루어지지 않았다. 베르트하임은 끊임없이 새로운 화합물을 합성했고, 하타는 베르트하임이 만든 화합물로 밤을 새워가며 동물 실험을 했다. 또 기록되지 않은 다른 연구원도 있을 것이다. 에를리히는 이들에게 영감을 주었고, 연구팀을 조직했으며, 연구 결과를 제대로 해석해 냈다. 그들은 한 팀이었다.

5장

연구는 함께,
명예는 한 사람에게

합성 항생제의 시대를 연 프론토실
요제프 클라러, 프리츠 미치, 다니엘 보베

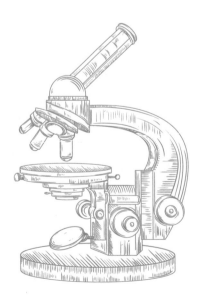

1947년 12월, '1939년의 유물'을 받으며

1947년, 감회가 남다르다. 1939년에 받았어야 할 상을 8년이
나 지나 받는 것이었다. 노벨상 수상 소식을 듣고는 뭣도 모르고
감격하여 스톡홀름으로 갈 생각에 밤잠을 설쳤다. 하지만 게슈
타포에게 바로 끌려 갔고, 갔다 와서는 노벨상 수상을 거부한다
는 성명을 발표해야 했다. 그때 무슨 일이 있었는지는 죽을 때까
지 말하지 않을 것이다. 이제 전쟁은 끝났고, 나는 '1939년의 유
물'이 된 그 상을 받으러 간다. 비록 상금은 받지 못하지만, 영예
는 사라지지 않는다. 내 이름이 과학의 제단에 영원토록 남을 테
니 말이다.

도마크는 노벨상 수상 기념 강연에서 이렇게 말했다.

"세균 감염을 화학 요법으로 치료하는 문제는 실험적 의학 연구
자나 화학자 혼자서 해결할 수 없습니다. 두 분야의 연구자가 오랫
동안 매우 긴밀히 협력해야만 해결할 수 있습니다. 특히 두 화학자

미치 박사와 클라러 박사를 빼놓을 수 없습니다. 두 사람이 공급한 재료 덕에 세균 감염에 대한 치료 효과를 발견할 수 있었습니다. 물론 그 이전에, 가능한 모든 검사 방법을 오로지 제 창의로 고안하여 하나하나 발전시켰지만요. 저는 방법을 찾을 수 있다고 확신했기에 이 분야에 팽배한 회의론을 무릅쓰고 오랫동안 연구에 매달렸습니다."[i]

1932년 독일의 게르하르트 도마크 Gerhard Domagk, 1895~1964가 개발한 프론토실 Prontosil은 플레밍의 페니실린보다 늦게 발견되었지만, 환자에게는 먼저 사용된 항생제다. 곰팡이에서 추출한 페니실린과는 달리 염료를 기반으로 한 화합물을 변형시켜 만든 합성 화합물인 프론토실은 화학적으로 설파닐아마이드 계열에 속하며, 이후 설파제라고 불리는 항생제의 원조다. 이 장에서는 프론토실의 개발 과정과 그 과정에 참여한 과학자들의 면면에 대해 알아보려 한다.

i 토머스 헤이거의 《감염의 전장에서》에서 인용

도마크와 프론토실의 개발

게르하르트 도마크의 프론토실은 파울 에를리히의 살바르산과 비슷하지만, 또 다른 형태의 연구 과정을 통해 개발되었다. 둘다 이후의 페니실린이나 스트렙토마이신과 같은 곰팡이나 방선균등 생물이 만들어 낸 물질을 분리하는 방식이 아니라 화합물을 제조하고 변형하는 과정을 반복하며 감염병에 효과적인 물질을 찾아내는 방식으로 개발한 약물이었다. 말하자면 최근의 항생제 개발과 비슷한 유형의 연구였다. 물론 지금도 왁스먼의 플랫폼을 이용해서 항생제를 찾아내는 연구도 있다. 하지만 에를리히의 살바르산이 개인 연구실에서 이루어진 즉흥적 영감과 끈질긴 연구의 산물이었다면, 도마크의 프론토실은 커다란 제약회사의 계획에 따른 조직적인 개발 연구의 산물이었다.

당시 그런 계획적 연구를 시도한 회사는 많지 않았는데, 그중하나가 바로 독일의 이게파르벤IG Farben 카르텔에 속했던 바이엘Bayer AG이었다. 바이엘의 제약연구 분야 책임자였던 하인리히 회를라인은 에를리히의 살바르산을 보고 감염병에 효과적인 물질을찾기 위한 새로운 프로그램을 만들었다. 바이엘의 연구소는 현대적인 기업 조직이었고, 기술자 팀이 따로 꾸려져 있었으며, 엄청난자본이 뒷받침하고 있었다. 이를 통해 신약 개발 과정을 공장식 운영 방식, 즉 발견을 위한 컨베이어 벨트형 조립 라인으로 전환시켰다. 미국의 헨리 포드가 자동차 생산에 적용해 성공한 방식을 신약 개발에 그대로 옮겨 온 것이었다. 바이엘에는 이미 많은 화학자들이 있었다. 화학자들은 매달 수백 종의 화합물을 쏟아내고 있었다. 문제는 그 물질이 어떤 가치가 있는지 아직 모르고 있다는 점이었다. 그것들이 의학적으로 어떤 효용 가치가 있는지 확인해 줄 사람이 필요했다.

바이엘은 도전 의식이 충만한 젊은 의사 한 명을 고용했는데, 그가 바로 게르하르트 도마크였다. 도마크는 의사가 되기 위해 킬 대학에 입학했지만 제1차 세계 대전이 발발하는 바람에 한 학기만 마치고는 독일군 야전병원의 의무병으로 입대해야만 했다. 그는 야전병원에서 끊임없이 실려 오는 부상병을 분류하고, 상처를 소독하고, 수술을 도왔다. 제1차 세계 대전은 기관총이 본격적으로 사용되기 시작한 전쟁이었고, 포격이 난무한 전쟁이었다. 참호의 더러운 흙구덩이에서 오랫동안 웅크리고 있어야 했던 부상병들의 상처는 지저분하고 깊었다. 군의관들은 최선을 다해 부상병의 상처를 수술했지만, 멀쩡해 보였던 부상병의 상태는 며칠 후 악화되기 일쑤였다. 수술 부위가 벌겋게 올라오면서 진물이 났고, 곧이어 까매지면서 악취가 났다. 수술 후 상처 감염때문이었다. 독일은 물론이고 영국과 프랑스 등 참전한 모든 국가의 야전병원에서 벌어졌던 일이다. 무수한 병사들이 상처에 생긴 세균 감염으로 죽었다. 총과 칼에 죽은 병사들보다 더 많았다. 도마크는 무려 4년 6개월

동안 의무병으로 일하며 그런 병사를 수도 없이 지켜 봤고, 어떻게든 세균 감염을 치료하겠다고 결심을 한다. 그는 나중에 그때의 심정을 이렇게 표현했다. "나는 신과 나 자신에게, 그런 파괴적 광기에 강력히 대응하겠노라고 맹세했다."

도마크는 전쟁이 끝난 후 자신의 맹세대로 1921년에 의과대학에 진학했고, 의사가 된 후에는 뮌스터 대학의 연구실에서 세균 감염을 해결할 방안을 연구했다. 하지만 그에게는 어린 자녀를 비롯한 딸린 가족이 있었고, 대학의 연구원 수입으로는 부양이 쉽지 않았다. 그때 뛰어난 생의학자를 찾고 있던 바이엘이 파격적인 조건을 제시했고, 도마크는 바로 바이엘 연구소의 병리학과 세균학 실험실 책임자로 자리를 옮겼다. 넉넉한 연봉에 새로운 연구실, 그리고 많은 조수와 동물 지원 인력이 있었다.

1927년부터 도마크는 그동안 바이엘의 화학자가 만들어 놓은 화합물을 하나씩 테스트하기 시작했다. 그는 시험관 내 시험in vitro test을 어느 정도는 했지만, 바로 살아 있는 동물을 대상으로 해야 효과 있는 약을 빨리 찾을 수 있다고 보았다. 그래서 시험용 생쥐 여섯 마리를 한 그룹으로 묶어 병원성 세균(주로 결핵균과 연쇄상구균)을 주입한 후 다양한 농도의 시험용 화합물을 투여했다. 시험하는 모든 생쥐는 감염시킨 세균의 종류, 투여한 화합물의 종류, 화합물의 농도에 따라 서로 다른 색으로 표시하고 관찰했다. 도마크는 여러 해 동안 실패를 거듭했다. 수천 종의 화합물을 생쥐에게 투여했지만, 시험한 생쥐는 모두 실망스러운 결과만 보여 주었다.

도마크의 실험 노트에는 수많은 화합물 번호 옆에 "oW"라는 글자를 쓸 수밖에 없었다. W는 Wirkung, 독일어로 '효과'를 의미했고, oW는 ohne Wirkung, 즉 '효과 없음'이었다. 주변에서는 수군거렸다. 왜 염료로 감염병 치료제로 만들려고 했을까? 옷감이나 물들이는 화합물에서 감염병 치료제를 찾는다는 게 애당초 잘못된 가정이라는 얘기도 있었고, 동물 실험부터 하는 것이 너무 돈이 많이 든다고 비판하는 이도 많았다.

하지만 회를라인을 비롯한 회사의 경영진은 도마크의 방법을 믿었다. 단 하나만 성공해도 된다고 여겼고, 그래서 투자할 만한 가치가 있다고 보았다. 1931년 여름 드디어 도마크 연구팀은 희망을 봤다. 아조azo 화합물 중 하나가 약한 항균력을 보인 것이다. 여러 달에 걸쳐 항균력을 높이기 위해 화학 구조를 이렇게 저렇게 변형시키며 유도 물질을 다양하게 만들어 시험했고, 결국 연쇄상구균에 효과를 보일 정도로 항균력이 있는 물질이 나타났다. 그런데 바로 그때, 쓸모 있는 감염 치료제를 찾아냈다고 생각한 바로 그 순간, 문제가 생겼다. 아조 화합물 유도체가 작동을 멈춰버린 것이다. 변형시킨 화합물의 항균력이 크게 증가하기는 커녕 항균력이 아예 사라져 버리는 것이었다. 희망마저 사라지는 듯했다.

1932년 가을, 희망을 엿본 지 이미 1년이 넘어가는 시점이었고, 연구를 시작한 지는 무려 5년이 지났다. 이제 포기해야 할 것 같은 상황이었다. 마지막이라는 심정으로 모직물의 착색을 위해 사용되던 황이 들어 있는 곁사슬인 설파닐아마이드, 줄여서 설파

sulfa라고 불리던 물질을 기존의 아조계 염료 분자에 붙여보았다. 회를라인의 제안이었다. 그게 신의 한 수가 될 줄이야! 그렇게 만든 물질이 바로 화합물, KL-695였다.

연구실에서 새로 합성한 물질로 동물 실험을 할 때 도마크는 휴가 중이었다. 연구실은 도마크가 없는 중에도 항상 똑같이 화합물로 테스트하는 일을 반복하도록 조직되어 있었다. 도마크가 휴가에서 돌아왔을 때 그의 눈앞에는 감염되었다 회복되어 생기가 넘치는 쥐들이 뛰어다니고 있었다. 그는 다시 확인했다. 다시 확인해도 결과는 마찬가지였고, 또다시 시험해 보아도 생쥐들은 살아남았다. 바이엘의 도마크 연구팀이 새로운 항균 물질을 만들어 낸 것이었다. 이제 그의 실험 노트에는 oW가 아닌 W가 기록되기 시작했다. 그 후로 KL-695를 개선하여 최종적으로 만들어진 물질이 바로 붉은색 염료 프론토실, 화학명으로는 설폰아마이도크리소이딘sulfonamidochrysoidine, 화합물 번호는 KL-730였다. 바이엘에서는 처음에는 이 물질을 스트렙토존streptozon이라고 불렀다. 이 이름은 나중에 프론토실로 바뀌었는데, 왜 바뀌었는지, 그리고 이 이름이 무엇을 의미하는지는 분명치 않다.

이 물질의 효능이 인정받게 된 계기 중 하나는 바로 도마크의 딸이었다. 1935년 12월 도마크의 딸이 바늘에 손가락을 찔렸는데, 그만 화농성 연쇄상구균에 감염되어 패혈증으로 진전되었다. 당시에는 그 정도면 거의 죽을 수밖에 없는 지경이었는데, 도마크는 자

게르하르트 도마크

신이 개발한 약을 딸에게 투여했고, 딸을 무사히 살려냈다.[ii] 개발자가 자신의 딸에게 자신이 개발한 약을 직접 투여하고, 또 그 딸이 멀쩡하게 살아났다는 것만큼 약의 안전성과 효능을 입증할 만한 게 또 있을까?

도마크는 프론토실의 항균 효과를 발견한 공로로 1939년 노벨 생리의학상 수상자로 발표되었다. 하지만 독일의 히틀러는 노벨상 수상을 거부하도록 압력을 가했고, 결국 그는 제2차 세계 대전이 끝나고 1947년이 되어서야 노벨상 메달을 받을 수 있었다.[iii] 도마크는 뮌스터 대학교에서 행한 노벨상 수상 축하 연설에서 다음과 같이 말했다.

"두 번의 참혹한 세계 대전과 뉘른베르크 재판을 겪으며 배운 교훈을 이제는 진지하게 받아들여야 하지 않을까요? 독일의 대학은 이제 다시 한번 올바른 길을, 확실한 지식뿐 아니라 새로운 인도주의적 길을, 그리고 인간의 존엄과 과학의 존엄에 이르는 길을 보여 주기를 바랍니다."

도마크는 1964년 68세의 나이에 심장병으로 사망했다.

---

ii 플레밍이 페니실린에 관한 연구를 포기한 이유가 도마크의 프론토실을 알고 나서였다는 얘기도 있다. 이미 우수한 항균 물질이 개발되었는데, 자신이 페니실린을 가지고 더 연구해 봤자 별 의미가 없을 거라고 생각했다는 것이다.

iii 1935년 나치 반대에 앞장 선 독일의 언론인 카를 폰 오시에츠키가 노벨 평화상을 받자, 이에 분노한 히틀러가 모든 독일인에게 노벨상을 거부할 것을 지시했다. 도마크는 노벨상 메달은 받았지만 상금은 받지 못했는데, 노벨상 수상 규정에 1년 내에 상금을 찾아가지 않으면 환수한다는 내용이 있었기 때문이다.

무용지물인 특허

그런데 개발 당시부터 프론토실에는 이상한 점이 있었다. 생쥐나 사람에게는 효과가 있는데, 시험관에서는 아무런 효과가 없었다. 보통은 시험관에서 효과가 있는 물질을 생체에 투입했을 때 효과가 떨어지는데 프론토실은 반대였다. 어쨌든 감염병을 치료하긴 하는데, 도대체 어떻게 치료하는지는 미스터리였던 셈이다. 그래서 바이엘이 한 건 했다는 소문은 무성했는데, 공개되지도 않고 3년 가까이 알려지지 않고 있었다. 그러다 1935년에야 논문이 발표되었고, 프론토실이라는 이름으로 시장에 나왔다. 사람들은 곧 이 새로운 약을 쓰기 시작했다.

프론토실의 미스터리는 2년 후인 1937년에 밝혀졌다. 프론토실이 생체 내에 들어가면 소장에서 분해되어 설파닐아마이드로 전환되는데, 약효를 나타내는 게 바로 이 물질이었다. 원래 생각했던 아조계 염료가 항균 작용을 하는 게 아니라 나중에 붙인 곁사슬이 효과가 있었던 것이다. 시험관 내에서는 분해 반응이 일어나지 않으니 효과가 있을 리 없었다. 이것을 밝혀낸 사람은 프랑스 파스퇴르연구소의 다니엘 보베Daniel Bovet, 1907~1992였다. 보베는 "독일 사람이 만든 '복잡한 빨간 승용차'는 '단순한 하얀 엔진'을 빼면 껍데기였다"고 말했다. 또한 보베의 연구팀은 설파제가 세균을 죽이는 것이 아니라 생장을 억제할 뿐이라는 것도 밝혀냈다. 다른 말로 하면, 살균殺菌, bactericidal 작용이 아니라 정균靜菌, bacteriostatic 작용을 한다는 얘기다. 세균이 생장을 멈추면 그 사이에는 사람의 면역력이 소수로 머물러 있는 세균을 충분히 제어할 수 있다.

그런데 '빨간 염료'가 아니라 '하얀 가루'가 중요하다는 것. 바이엘 입장에서는 이게 문제였다. 세균 감염에 효과가 특출한 이 물질에 특허를 내고 돈을 챙겨야 하는데, 이 물질에 특허를 내긴 했지만 특허가 별 효력이 없었다. 약효를 내는 진짜 물질인 설파닐아마이드는 이미 25년 전인 1909년에 합성되어 특허까지 받은 물질이었고, 특허 시효도 만료된 상태였다. 그러니 누구든 만들 수 있었고, 판매할 수 있었다(뒤에서 보겠지만, 이게 또 미국에서 큰 문제를 일으킨다).

설파닐아마이드는 제조 비용이 저렴할 뿐 아니라 오래전에 의학적 용도를 언급하지 않고 특허를 받은 물질이라 독점적으로 만들 수가 없었다. 또한 다른 분자와 연결이 쉬운 물질이었기 때문에 그런 부분에 도가 튼 화학자들은 곧 수백 개의 설파닐아마이드 기반 약물을 만들어 냈다.

이후 설파제는 프랑스, 네덜란드, 체코, 헝가리, 크로아티아, 폴란드 같은 유럽의 여러 나라와 미국은 물론 일본, 중국, 브라질 등에서도 경쟁적으로 출시되어 많은 사람의 목숨을 구했다.

프론토실은 어떻게 작용할까

우선 도마크의 연구팀이 개발한 프론토실, 즉 설파미도크리소이딘Sulfamidochrysoïdine [iv]은 양쪽에 벤젠 고리를 갖는 구조가 질소 이중결합으로 연결되어 있는데, 그중 한쪽 고리에 황이 포함된 설파닐아마이드가 있다. 이 물질은 생체에 들어가면 아조-환원효소에 의해 질소 사이의 이중결합이 끊어진다. 그렇게 해서 만들어진 물질이 바로 설파닐아마이드이고, 이 물질이 바로 항생제 역할을 하게 된다.

그럼 이 설파닐아마이드는 어떻게 항균 작용을 할까? 그걸 이해하기 위해서는 한 가지 물질을 더 봐야 한다. 바로 흔히 PABA라고 부르는, 파라-아미노벤조산para-aminobenzoic acid이다. 그림을 보면 알겠지만, 설파닐아마이드와 PABA는 그 구조가 매우 비슷하다. 이는 생체 내 특정 반응에서 설파닐아마이드와 PABA가 서로 헷갈릴 수 있다는 얘기다.

---

iv 프론토실의 비전매명(非專賣名, nonproprietary name)이다. 약에는 보통 세 가지 이름이 붙는다. 우선 화학명으로, IUPAC에서 정한 규칙에 따라 붙인 화합물의 이름이다. 두 번째는 일반명 혹은 비전매명이다. 개발 과정이나 출시 전에 일반적으로 부르는 명칭이다. 세 번째는 제품명이다. 시장에 내놓기 위해 제약회사에서 약에 붙인 이름이다.

프론토실은 생체 내에서 설파닐아마이드로 전환된다.

프론토실

설파닐아마이드   트리아미노벤젠

설파닐아마이드(왼쪽)와 PABA 구조 비교

설파닐아마이드   PABA

　　PABA는 엽산을 만드는 과정에서 중요한 원료로 쓰인다. 엽산
은 핵산의 구성 요소인 아데닌과 구아닌과 같은 퓨린으로 바뀌기
때문에, 엽산이 제대로 만들어지지 않으면 DNA와 RNA를 합성하
는 데 문제가 생긴다. 설파닐아마이드가 엽산을 만드는 생합성 과
정에서 PABA와 경쟁하기 때문에 세균은 핵산 합성에 차질을 빚게
된다. 그래서 설파제를 항-엽산anti-folate이라고도 한다. 그런데 사
람의 경우에는 이런 생합성 과정이 필요 없다. 사람도 당연히 엽산
이 필요하지만, 우리는 음식을 통해 미리 만들어진 엽산을 이용하
기 때문에 설파닐아마이드에 영향을 받지 않는다. 이런 작용은 이
후에 만들어지는 모든 설파제의 작용 메커니즘에 적용된다.
　　설파닐아마이드는 현재 임상에서 단독으로는 거의 쓰이지 않
는다. 대신 트리메토프림이라는 항생제와 함께 쓰인다. 트리메토

프림 역시 설파닐아마이드처럼 엽산 생합성 과정에 관여한다. 물론 관여하는 단계는 다르다. 설파닐아마이드가 초기 단계를 억제한다면, 트리메토프림은 바로 그다음 단계를 방해한다. 그래서 서로 보완 역할을 할 수 있는 것이다. 1968년부터 이 둘을 함께 사용했을 때 시너지 효과가 있을 것이란 논문이 나왔고, 1974년 TMP/SMX, 즉 박트림, 또는 코트리목사졸이라는 이름으로 출시되었다. 그람 양성균과 그람 음성균에 모두 처방되며, 특히 AIDS 환자의 대표적 합병증인 폐포자충 폐렴의 치료제로도 쓰인다.

프론토실이 살리고 죽인 사람들

프론토실이 환자에게 사용되기 시작한 것은 1935년부터다. 특히 연쇄상구균 감염에 효과가 좋았는데, 이 약품이 명성을 드높이는 데는 두 명의 유명인이 큰 역할을 했다. 그것도 당시 세계 최강국의 최고 권력자와 관련이 있다. 한 사람은 윈스턴 처칠 영국 총리였고, 또 한 사람은 루스벨트 미국 대통령이었다(정확히는 루스벨트의 셋째 아들이다).

처칠과 플레밍이 어린 시절 시골에서 인연을 맺었고, 나중에 플레밍의 페니실린이 처칠을 구했다는 전설 같은 얘기가 떠돌지만, 이는 잘못 전해진 이야기다. 그런 일 자체가 없었다. 1943년에 폐렴에 걸린 처칠이 처방받은 약은 프론토실과 같은 설파제였다. 당시 영국과 독일은 제2차 세계 대전으로 적국이었는데, 독일 사람이 개발한 항생제가 영국의 전쟁 최고 책임자의 생명을 구한 것이니 아이러니라고나 할까?

2차 세계 대전 당시 영국의 전시 내각을 이끌고 있던 사람은 윈스턴 처칠이었다. 강철 같은 의지로 영국 국민에게 희망을 불어넣으며 결국 전쟁을 승리로 이끈 처칠이었지만 그에게도 위기가 여러 차례 있었다.

1943년 12월 11일의 일이 그중 하나였다. 처칠은 이집트 카이로에서 중국 국민당 정부의 장제스와 회담했고, 이란의 테헤란에서 소련의 스탈린과 미국의 루스벨트와 만났다. 이른바 연합국의 세 거두라 불린 그들은 프랑스를 독일로부터 탈환할 계획을 세웠다. 그리고 카이로를 거쳐 튀니스로 날아갔다. 튀니스에는 후에 미국 대통령이 되는, 당시 연합군 사령관 아이젠하워의 저택이 있었다. 그런데 그는 고된 여정에 중차대한 문제를 논의하느라 신경을 많이 써서인지 튀니스에 도착하자마자 몸에 이상을 느꼈다. 체온이 38.3도까지 올랐다. 처칠의 주치의가 급히 휴대용 엑스선 촬영기를 입수해 촬영한 결과 폐에 문제가 있다는 게 드러났다. 폐렴이었다. 더불어 심장마저 말썽을 부렸다. 처칠은 이미 심장에 문제를 가지고 있는 상태였다. 응급 처치에도 불구하고 처칠의 상태는 나빠졌다. 전황을 역전시킬 수 있는 상황이 다가오고 있는 시점에 전쟁을 이끄는 지도자가 죽게 생긴 것이다.

하지만 처칠은 2주 후 영국 런던에 건강한 모습으로 돌아왔고, 다시금 의지를 다지고, 독일에 반격을 가해 마침내 전쟁을 승리로 이끌었다. 그에게 무슨 일이 있었을까? 당시 처칠의 주치의는 찰스 맥모런 윌슨이었다. 그는 자신의 환자가 폐렴에 걸린 걸 확인하자마자 당장 'M&B'를 투여해야 한다고 생각했다. 처칠은 영국으로 돌아와 기자들에게 모런과 또 다른 의사 에번 베드퍼드를 자신을 치료한 'M&B'라고 소개했지만, 'M&B'는 실제로는 메이앤드베이커May & Baker Ltd라는 제약회사의 약자였다. 영국 총리의 목숨을 구한 것은 'M&B 693'으로 바로 지금 설파제라 불리는 설파닐아마이드 항생제였다. 그보다 몇 년 전 적국인 독일의 바이엘에서 선보인 항생제 설파제는 감염으로 죽을 수도 있었던 영국 총리를 비롯하여 수많은 생명을 구했다. 처칠 한 사람의 힘으로 전쟁을 승리로 이끈 것이 아니기에 전쟁의 결과가 달라지지 않았을 수도 있지만, 그래도 그 시점에 처칠이 사라졌다면 전쟁은 더 길어졌을 수도 있고, 어쩌면 전쟁의 결과가 지금 우리가 알고 있던 것과는 달랐을 수도 있다.

처칠보다 더 크게 화제가 된 사건은 루스벨트 대통령의 아들과 관련된 일이다. 루스벨트가 대통령에 재선된 지 얼마 되지 않아 그의 아들 루스벨트 2세가 약혼을 발표했다. 약혼녀는 세계 최고의 화학기업을 이끌던 듀폰 가의 에델 듀폰이었다. 이 화려한 커플의 약혼 발표 후 파티가 이어졌는데, 결국 탈이 나고 말았다. 첫 진단이 우리가 보통 축농증이라고 부르는 급성 부비동염이라 금방 회복될 거라고 생각했다. 그런데 병원의 공식 발표와 달리 루스벨트 2세의 상태는 시간이 갈수록 계속 나빠져 갔고, 결국 대통령 부인 엘리너 루스벨트가 나섰다. 새로운 의사를 수소문했고, 새 주치의 토비 박사는 이전에는 주목하지 않았던 오른쪽 뺨 부위의 감염을 찾아냈다. 그런데 그 부위에 손을 쓰기도 전에 환자의 상태가 급속히 나빠졌는데, 그즈음 감염의 원인이 연쇄상구균이라는 게 밝혀졌다. 연쇄상구균이 이미 혈액까지 침입한 것으로 의심되는 상황이었다. 목숨이 위태로웠다. 다행히도 토비 박사는 최신 의학 논문을 통해 새로운 의술을 적극 받아들이고 있었다. 그는 프론토실을 알고 있었을 뿐 아니라 미국에서 연쇄상구균 감염 환자에게 프론토실을 처음으로 사용한 의사 중 하나였다. 대통령 부인에게 새로운 약에 관해 얘기했고, 대통령 부인은 개인적으로 조금 더 알아보고는 투약을 허락했다.

루스벨트 2세가 병원에 입원한 지 3주 차에 프론토실(실제 투여한 약의 제품명은 프론틸린prontylin이었다)이 처음 투여됐다. 이미 신문들은 이 '셀럽'의 상태를 경마 중계하듯 보도하고 있었다. 처음에는 별 차도가 없었지만 프론토실은 기대를 저버리지 않았다. 투약 후 14일 후부터 열이 내리기 시작했고, 이후로는 금방 회복되었다. 죽음의 문턱에서 프론토실 덕분에 회복한 루스벨트 2세는 약혼녀인 에델 듀폰과 무사히 결혼했고, 제2차 세계 대전에 참전하여 무공훈장을 받았으며, 세 차례나 미 의회 하원의원에 당선됐다.

설파제가 정반대의 방향으로 활약(?)한 사건도 있었다. 루스벨트 2세의 회복으로 설파제는 미국에서 선풍적인 인기를 끌었다. 특허도 걸려 있지 않으니 크고 작은 제약회사들이(제약회사라 불릴 수 없을 규모의 회사까지도) 이 약을 제조해 판매했다. 그러다 사고가 크게 터졌다. 1937년 메센길Massengill이라는 회사 역시 설파제를 자체적으로 합성하여, 만병통치의 명약이라는 의미의 엘릭시르 elixir라는 이름으로 판매하기 시작했다. 그런데 그해 가을 오클라호마주의 털사에서 아이들이 복통을 호소하고 오줌을 잘 싸지 못하다 혼수 상태에 빠져 죽는 사태가 벌어졌다. 조사 결과 모두 메센길에서 만든 엘릭시르라는 설파제를 복용한 아이들이었다. 결국 그 지역을 중심으로 105명의 어린이가 급성 신부전으로 사망했다. 이 회사는 자동차 부동액으로 사용하는 디에틸렌글리콜을 용매로 사용해 약품을 만든 것으로 드러났다. 메센길은 자신들이 만든 물약에 대해 임상 시험은 물론이고 동물 시험 한번 없이 바로 판매한 것이었다. 이 사건은 1938년에 막 생긴 미국 식품의약국FDA이 신약 출시에 대해 엄격한 허가 승인 요건을 만드는 데 결정적 계기가 되었다.

정반대라 오히려 잘 맞은 두 사람

앞서도 잠깐 얘기했듯이 도마크의 프론토실 개발은 개인 연구 차원에서 이뤄진 일이 아니었다. 거대 회사가 자금을 쏟아부었고, 다양한 분야의 연구자들이 팀을 이루어 조직적으로 연구한 결과였다. 특히 동물 실험은 여성들이 담당했다. 물론 그들의 이름은 어디서도 쉽게 찾아볼 수 없다. 다만 이 연구에서 핵심적인 역할을 한 화학자가 있었고, 그들에 대해서는 조금 더 알아볼 수가 있다. 바로 항균력을 가진 아조계 화합물을 처음 찾아내고, 그것으로부터 유도체를 만들고, 효과 없는 유도체로 실망했지만, 결국 설파닐아마이드를 만들어 낸 요제프 클라러Josef Klarer, 1898~1953와 프리츠 미치Fritz Mietzsch, 1896~1958다. 도마크가 이 물질에 대해 처음 보고한 1935년 논문에서 "1932년에 클라러와 미치가 합성한 프론토실"이라고 분명하게 밝혔으며, 1932년 크리스마스에 신청한 프론토실에 대한 특허도 바로 이 두 사람 이름으로였다.

클라러는 천재라 불렸다. 1898년에 태어난 그는 도마크와 비슷하게 제1차 세계 대전 때 심각한 부상을 당했다. 1918년 뮌헨 공과대학에 입학한 후 처음에는 기계공학을 공부했다. 하지만 1920년부터 화학으로 전공을 바꿔 1926년 노벨상 수상자인 한스 피셔의 지도하에 박사 학위를 받았다. 그의 박사 학위 논문은 염료의 구조

에 관한 것이었는데 '경이적sensational'이라는 평가를 받았다고 한
다. 최우등 졸업이었다. 도마크보다 세 살이 어렸던 그는 1927년에
도마크와 함께 바이엘에 영입됐다. 도마크가 이끄는 제약 연구실
에서 프리츠 미치와 함께 아조계 염료의 약학적 효과에 관한 연구
를 수행했고, 이 연구는 1932년 게르하르트 도마크의 설폰아마이
드 개발로 이어졌다.

　　그는 실험에 천부적인 능력을 지닌 연구자였다고 한다. 뚜렷
한 계획도 없이 즉흥적으로, 또 신속하게 실험을 해치웠다. 그러면
서도 별로 힘들어하지도 않았다. 천재가 다 그런 것은 아니겠지만,
그는 성격이 다소 불안정했다. 행동은 거칠었지만, 내면은 매우 섬
세했다. 불규칙한 식사에, 광적으로 일하다가도 며칠씩 자리를 비
웠고, 동료들과 대화를 꺼렸으며, 억지로라도 말을 걸면 신경질적
으로 대꾸했다. 사람들은 수군거렸지만 공식적으론 아무 말도 하
지 못했다. 회사는 그가 동료들과 어떤 사이인지도 상관하지 않았
고, 며칠씩 자리를 비워도 눈 감았다. 그는 그렇게 자리를 비웠다
가 돌아올 때면 항상 새로운 아이디어를 가지고 있었기 때문에 그
러한 자유가 허용된 유일한 사람이었다. 클라러는 회사에서 가장
생산성이 높은 화학자였다. 그는 놀라운 속도로 새로운 화합물을
만들어 도마크에게 제출했다. 항균 작용을 하는 화합물 제조가 벽
에 부딪혔을 때 회클라인의 조언에 따라 황 함유 곁사슬, 즉 설파
닐아마이드를 아조계 염료에 붙인 사람이 바로 클라러였다. 그가
1932년 10월 초 도마크에게 전달한 최초의 황 함유 아조계 염료가

바로 KL-695였던 것이다. 클라러는 연쇄상구균에 대해 효과를 보이면서도 독성이 없는 KL-695를 출발점으로 삼아 일곱 가지의 화합물을 더 합성했고, 그중 가장 효과적인 약제를 하나 찾아냈다. 바로 나중에 프론토실이라는 이름으로 출시된 KL-730이었다.

클라러의 친구는 미치 밖에 없었다. 미치는 1915년부터 드레스덴 공과대학에서 화학을 공부했고, 1922년에 발터 쾨니히의 지도로 박사 학위를 취득한 화학자였다. 학위 취득 후 한동안 드레스덴 대학에서 강의를 하다 1923년 레버쿠젠에 있는 바이엘 페인트 공장에 들어갔다. 처음에는 염료 연구를 했지만, 1924년에 엘버펠트의 제약 부서로 옮겼고, 1927년부터 클라러와 함께 아조 염료의 약학적 가능성을 연구하기 시작했다.

미치는 클라러와 정반대의 인물이었다. 그에게 클라러의 무단 결근과 같은 행동은 조금도 염려할 필요가 없었다. 내성적인 성격에 늘 단정한 옷차림으로 규칙적으로 생활했으며 꼼꼼하게 계획을 세워 일했다. 말하자면 그는 바이엘의 '범생이'였다. 미치가 클라러와 어떻게 가까워졌는지는 모르지만, 미치는 자신보다 나이가 어린 클라러의 천재성을 인정했고, 클라러는 문제가 생겼을 때 교과서적인 화학자 미치에게 의지했다. 정반대의 성향을 지닌 두 화학자가 함께 일을 하면서 시너지가 생겼고, 결국 일을 낸 것이었다.

앞서 얘기한 대로 1939년의 노벨 생리의학상은 도마크에게 수여되었다. 프론토실이 노벨상을 받을 만한 업적이라는 사실은 분명하다. 그런데 문제가 된 것은 수상자 명단에 프론토실을 만들

실험실의 요제프 클라러(왼쪽)와 프리츠 미치

고 특허를 출원한 당사자인 클라러와 미치가 빠졌다는 점이었다. 도마크 혼자 노벨상을 수상한다는 소식이 전해지자 바이엘 내부가 술렁거렸다. 특히 클라러는 크게 화를 냈다. 노벨상 수상의 업적으로 제시된 것은 도마크의 논문뿐이었다. 클라러는 마치 아무 일도 안 한 사람 취급을 받으며 고작 각주 신세가 되어버렸다고 비난을 퍼붓고 다녔다. 미치는 성격대로 감정을 드러내지 않았다(말을 안 하니, 속마음이야 어땠을지는 모르지만).

클라러는 프론토실 이후에도 또 다른 설폰아마이드 계열의 약을 개발하는 연구에 참여했지만 노벨상 발표 이후 그쪽 연구에 흥미를 잃어버렸고, 연구의 무대에서도 사라져 버리고 말았다. 미치는 말라리아 치료제와 결핵 치료제 개발에 참여했으며, 1949년부터는 바이엘의 제약 연구를 이끌었다.

빨간 승용차는 하얀 엔진을 빼면 껍데기

프론토실은 염료 자체는 아무런 역할을 하지 못했다. 생체 내에서 설포닐아마이드라는 활성 상태로 전환되어야 효과가 나타났다. 이 메커니즘을 밝혀내 바이엘의 부푼 기대를 산산조각 내고, 많은 제약회사가 이 약품을 제조할 수 있도록 한 사람은 앞에서 말한 대로 다니엘 보베였다.

스위스 태생의 이탈리아 과학자 보베는 신경전달물질의 작용을 막는 약을 발견한 공로로 1957년 노벨 생리의학상을 수상했다. 그 연구 바로 전에 한 일이 바로 설파제에 관한 연구였다. 그 이야기를 좀 더 해 보자.

그 일은 파스퇴르 연구소에서 제약 연구부를 이끌던 에르네스트 푸르노가 도마크의 프론토실에 관한 논문을 읽으면서 시작되었다. 파스퇴르 연구소는 당시에도 저명한 연구소였지만, 지금보다는 규모가 작아 바이엘이라는 거대 기업과는 상대가 되지 않을 정도였다. 그도 새로운 화학 약제를 찾고 있었으며, 그 분야에서 가장 앞서 나가는 독일의 연구 성과를 늘 예의주시하고 있었다. 푸르노는 논문을 읽고 바이엘의 회를라인에게 프론토실 샘플을 요청했지만, 회를라인은 거부했다. 푸르노를 비롯한 연구진은 결국은 프론토실 샘플을 입수했고, 바이엘의 특허 출원 서류를 꼼꼼히 분석한 후 금방 그 분자를 복제해 냈다. 그 물질은 도마크의 프론토실과 똑같지는 않지만 비슷한 결과를 냈고, 프랑스의 한 화학회사가 루비아졸Rubiazol이라는 상표명으로 출시했다.ᵛ 바이엘과 회를라인은 분통이 터질 일이었다. 자신들이 10년 가까이 어마어마한 돈을 써가며 개발한 약을 프랑스에서는 단 몇 개월 만에 복제해 냈고, 이익마저 일부 가져가 버렸으니 말이다.

ᵛ 루비아졸은 분명 흰색이었지만, 붉은색 보석 루비(ruby)에 어원을 둔 상품명을 쓴 것은 그만큼 귀중하다는 의미일 것이다. 하지만 어쩌면 바이엘 측을 조롱하는 것일 수도 있다.

더 곤란한 일은 그 다음에 일어났다. 푸르노는 연구원들에게 프론토실과 루비아졸을 비롯해 실험실에서 추가로 만든 설파제 화합물이 연쇄상구균에 어떤 효과가 있는지 추가로 시험하도록 했다. 그 일은 맡은 연구원이 바로 보베와 이탈리아 출신의 페데리코 니티[vi]였다. 여름 휴가도 반납한 채 동물 실험을 한 결과는 독일의 결과와 똑같았다. 그런데 별생각 없이 추가로 한 실험이 결정적인 결과를 낳았다. 보베의 기록에 따르면 다음과 같은 일이 있었다. 역시 우연이 개입되긴 했으나 매우 논리적인 우연이었다.

보베는 생쥐 사십 마리를 준비했다. 독성이 강한 연쇄상구균을 생쥐의 복강에 주입해서 감염시켰다. 한 실험군에는 프론토실을 투여했고, 나머지 실험군에는 실험실에서 합성한 물질 일곱 가지를 투여했다. 대조군에는 아무런 약도 주지 않았다. 그러다 보니 네 마리의 생쥐가 남았다고 한다(계산은 잘 맞지 않는다). 그때 보베는 문득 자신이 시험하고 있는 모든 화합물에 공통으로 들어 있는 파라-아미노페닐설폰아마이드para-amino-phenyl-sulfonamide, 즉 설파닐아마이드를 남는 생쥐에 투여해 보면 어떨까 하는 생각이 들었다고 한다. 선반에 널려 있는 화합물이었고, 그는 생각한 대로 '해봤다'.

대조군의 생쥐들은 죽었거나 다 죽어가고 있었고, 프론토실

---

vi 페데리코 니티는 이탈리아 총리의 아들이었는데, 무솔리니가 집권하면서 추방당해 프랑스에 오게 된 것이었다. 페데리코의 누이 필로메나는 보베와 사랑에 빠졌고, 둘은 결혼했다.

이나 다른 새로운 화합물을 투여한 생쥐들은 멀쩡했다. 예상한 대로였다. 그런데 놀라운 결과를 확인하게 된다. 별 기대 없이 설파닐아마이드를 투여한 네 마리의 생쥐도 쌩쌩했던 것이다. 푸르노에게 보고한 후 다시 실험해 봤지만 결과는 똑같았다. 보베는 이렇게 말했다.

"우리는 보고서에 마지막 'V'를 쓰면서 '무색의 생성물'에 미래가 달려 있음을 이미 깨달았다. 그 순간부터 독일 화학자들의 특허는 아무 가치도 없었다."

연구진은 이제 효과가 없던 아조계 염료에 황 함유 곁사슬을 붙이면 효과가 생기는지 그 이유를 알았다. 또 시험관 실험에서 프론토실이 왜 효과가 없었는지 그 원인도 알게 되었다. 황 함유 물질이 활성화되려면 생체 내에서 떨어져 나와야 하는 것이었다. 프론토실의 부작용으로 피부가 붉게 변하는 현상도 있었는데, 프론토실 구성 성분인 아조계 염료는 피부를 물들이는 것 말고는 하는 일이 없었던 것이다. 파스퇴르 연구소의 연구진은 이 내용을 논문으로 발표했는데, 이 논문에는 연구실의 책임자 푸르노의 이름이 없다. 보베와 니티가 푸르노의 이름을 맨 앞에 넣은 보고서를 올렸지만, 푸르노가 자신의 이름을 빼버렸다고 한다. 젊은 연구자들의 경력에 도움을 주기 위해서 그랬는지, 아니면 회를라인을 비롯한 바이엘의 연구진을 의식해서인지는 알 수 없다. 그때까지도 바이엘의 연구진은 자신들이 만든 프론토실의 약효의 정체에 대해 잘 몰랐던 것으로 보인다.

보베는 스위스의 플뢰리에에서 태어났다. 1927년 제네바 대학을 졸업하고, 1929년에 같은 학교에서 박사 학위를 받았다. 아버지가 제네바 대학교의 교수였다. 박사 과정에서 그의 연구 분야는 동물학과 비교해부학이었다. 졸업하자마자 파리의 파스퇴르 연구소로 들어가 1947년까지 거의 20년간 일했다. 그는 1937년부터 히스타민에 관심을 갖기 시작했다. 히스타민은 알레르기 유발 물질이라, 그는 인체 내에서 히스타민 분비를 차단하는 물질을 다방면으로 찾았다. 연구원들과 함께 최초의 항히스타민제를 합성했지만, 처음에는 독성이 너무 강했다. 수천 번의 실험을 거듭한 후에 1941년에 마침내 상업적으로 판매 가능한 최초의 항히스타민제인 피릴라민pyrilamine을 찾아내게 된다. 바로 이 물질이 1957년 노벨 생리의학상을 수상하게 된 그의 대표 업적이다. 이후로 히스타민의 수용체인 H1 수용체를 차단하는 안전한 물질이 발견되었다.

보베는 1947년에 이탈리아 로마의 국립보건연구소로 옮겼고, 1964년에는 사르데냐 섬에 있는 사사리 대학의 교수가 되었다. 1969년부터 1971년까지는 국립연구위원회의 정신생물학 및 정신약리학 연구실의 책임자로 활동했고, 이후 로마 라 사피엔차 대학의 교수를 지내다 1982년 은퇴했다.

보베의 연구 분야는 매우 다양했다. 그는 약 300편 가량의 논문을 발표했는데, 생물학, 일반 약리학, 설파닐아마이드를 비롯한 화학 요법, 교감신경계 관련 약리학, 알레르기 치료법, 호르몬의 균형 유지, 마취 보조제, 파킨슨병과 같은 중추신경계의 약리학 등

다니엘 보베 , 1957년 국립보건연구소에서

다양한 분야를 아울렀다. 그는 1957년에 노벨 생리의학상을 수상하는데, 신체, 특히 혈관과 골격근에서 발생하는 특정 물질의 효과를 차단하는 화합물을 발견과 관련한 업적을 인정받은 것이었다.

월드컵 우승 트로피를 선수 한 명에게만 준다면

설파제와 프론토실은 항생제를 비롯한 의약품을 발견하는 데 공장 시스템을 활용한 전형적인 사례였다. 모든 것에서 이익을 중시할 수밖에 없는 기업의 접근 방식은 현재 항생제 개발의 지체로 이어지고 있지만, 한동안은 항생제 개발의 원동력으로 작용했다. 프론토실의 개발과 설파제의 성공은 도마크가 만든 효율적인 검사 시스템이 극적으로 발휘된 사례였고, 이에 대해 그는 충분한 경의를 받을 자격이 있다. 하지만 그와 함께 회틀라인과 같은 인물의 장기적인 사고와 아낌없는 지원, 클라러와 미치 같은 화학자의 영리하고 성실한 화합물 제조, 이름도 남지 않은 많은 지원 인력의 헌신, 의학 전문가들의 통제된 실험과 용기 등이 모두 결합한 결과였다.

여기서 연구의 성과를 어떻게 나누고 평가하느냐는 문제가 제기된다. 다음 장에서 얘기할 왁스먼과 샤츠의 관계와도 비슷하지만, 프론토실의 문제는 이와도 좀 다르다. 이 문제는 현대 기업의 연구 성과 배분의 문제와 연결된다. 한 기업 내 많은 사람이 참여한 연구팀이 중요한 발견을 했을 때, 연구팀의 모든 구성원은 자신이 맡은 일을 성실히 수행함으로써 발견에 공헌하게 된다. 그런데 그 업적에 대해 한 사람만 평가받고 노벨상과 같은 가장 큰 영예를 독차지하는 것에 대해 어떻게 받아들여야 할까? 토머스 헤이거는 프론토실의 개발 과정을 꼼꼼하고 생생하게 엮은 《감염의 전장에서》에서 이를 월드컵에서 우승 트로피를 선수 한 명에게만 주는 것과 같다고 비유하고 있다. 물론 도마크는 노벨상을 받을 만한 자격이 있었지만, 화합물을 합성해 낸 클라러와 미치도 충분한 자격을 갖추고 있었다. 그 연구팀을 조직하고, 끝까지 이끌었던 회를라인은 어떤가? 혹은 설파제의 실체를 밝혀 쉽게 합성하고 널리 쓰일 수 있도록 한 푸르노를 비롯한 보베와 니티 등은? 보베는 후에 다른 연구로 노벨상을 받았지만.

도마크는 뒤에 얘기할 왁스먼과 달리, 뒤늦게 받은 노벨상 수상 강연에서 클라러의 미치의 공로를 인정했다.

6장

이것은
누구의 연구인가

최초의 결핵 치료제, 스트렙토마이신

앨버트 샤츠

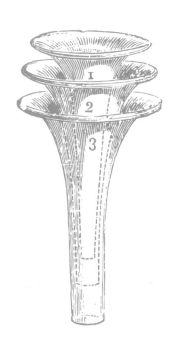

1952년 12월, 노벨상 수상 연설을 들으며

샤츠는 한때 자신의 지도 교수였던 왁스먼이 노벨 생리의학상 수상 연설에서 단 한 차례도 자신을 언급하지 않았다는 것을 알게 되었다. 왁스먼이 단독 수상자로 지명되었을 때부터 낙담했던 그는, 그래도 혹시나 하는 기대를 하지 않았을까?

별로 기대하지는 않았다. 그래도 혹시나 하는 마음이 전혀 없었던 것은 아니었다. 그래도 그게 지나친 기대란 건 사실 내가 더 잘 알고 있다. 그 사람은 이번에도 나를 단 한 번도 언급하지 않았다. 모든 발견이 오직 자신의 공인 양 기자들에게 이야기했고, 과학자로서 가장 영광스러운 그 자리에서도 마찬가지였다.

한 순간 내가 그 자리에 함께 할 수 있을 거란 생각을 하지 않았던 건 아니었다. 2년 전에 이미 내가 스트렙토마이신의 공동 발견자라는 걸 인정받았으니까. 사실 공동 발견자라는 것도 받아들이기 힘들긴 했지만.

군 병원에서 감염병으로 속절없이 죽어가는 환자를 보며 새로운 항생제를 찾아야겠다고 생각한 것도 나고, 토양 샘플을 확보하고, 세균을 분리하기 시작한 것도 나였고, 지하 실험실에 처박혀서 밤낮없이 연구를 수행한 것도 나였다. 그런 사실은 논문에도 나와 있지 않은가? 그 발견과 관련된 논문의 제1 저자는 모두 나다. 결핵균이 무서워 지하 실험실에 한 번도 내려오지 않은 그가 한 일이라곤 한 달에 보조금 40달러 준 게 다 아닌가?

그건 내가 발견한 거야. 그가 누리고 있는 저 영광은 원래 내가 받아야 하는 거야. 백번 천번 양보해도, 공동 수상이라도 해야 마땅하지. 말도 안 되지만, 내가 못 받는다면, 적어도 나한테 고마워라도 하든가, 정말이지 하다 못해 내 공헌을 인정이라도 하는 게 마땅한 사람의 도리 아냐? 그러나 그는 단 한 번도 그러지 않았어.

2002년 케임브리지 분자생물학 연구소 피터 로런스는 《네이처》에 '지위 불공정Rank Injustice'이라는 글을 실었다. 과학에서 업적이 잘못 배분되는 경우가 너무 흔하다며, 이에 관한 가장 분명한 예로 1952년의 노벨 생리의학상을 들었다. 그해 노벨 생리의학상은 러시아, 정확히는 우크라이나 출신의 미국인 세균학자 '한 명'에게 주어졌다. 그 한 사람은 럿거스 대학의 셀먼 왁스먼이었다. 수상 이유는 "결핵에 효과가 있는 최초의 항생제 스트렙토마이신의 발견"이었다. 그때까지 치료법이 없던 결핵에 효과적인 약을 찾아낸 업적으로 노벨상을 수여한다는 이유 자체에는 어느 누구도 이의를 제기하지 않았고, 이의를 제기할 수도 없었다. 하지만 단독 수상에 대해서는 많은 사람이 이의를 제기했다. 이 업적에는 적어도 한 사람이 철저하게 배제되었다고 여겨졌기 때문이었다. 그 한 사람이 바로 앨버트 샤츠Albert Schatz, 1920~2005다.

왁스먼과 샤츠 사이에 벌어진 일은 인류가 오랫동안 고통을 겪었던 한 감염병에서 벗어날 수 있게 해준 위대한 과학과 과학자에 관한 이야기이면서, 과학에 관한 이야기가 어떻게 왜곡될 수 있는지, 그리고 과학에서 연구 업적의 배분 문제, 나아가 과학자의 윤리까지 생각해 볼 수 있는 이야기이기도 하다.

낭만적 질병에서 낙인 찍기 좋은 질병으로

결핵Tuberculosis, TB은 14세기 유럽 인구의 3분의 1 가량을 죽게 한 페스트에 빗대 '하얀 페스트白死病'라고 불릴 정도로 무서운 병이었다. 이 병은 결핵균Mycobacterium tuberculosis에 의한 세균성 감염병인데, 결핵균이 몸속에 침입한다고 모두 결핵에 걸리는 것은 아니다. 결핵균에 감염된 사람 중 5~10퍼센트만 결핵이 발병하는 것으로 보고 있는데, 나머지는 잠복 결핵 감염 상태로 있다가 면역력이 떨어지면 발병한다. 10년, 20년, 심지어는 50년이 지난 후에도 발병할 수 있다. 결핵균이 침입하면 다양한 부위에 병을 일으킬 수 있지만, 폐가 감염되는 경우가 대부분이며, 그래서 결핵이라고 하면 보통 폐결핵을 의미한다.

결핵균은 배양할 때도 그렇지만, 몸속에서도 생장이 매우 느린 세균이다. 그래서인지 증상이 금방 나타나지 않는다. 그렇게 서서히 몸의 영양분을 소모하면서 조직과 장기를 파괴한다. 결핵 환자는 천천히 기운을 잃고, 식욕도 떨어져, 무력감이나 피로를 쉽게 느긴다. 체중도 빠르게 감소한다. 소설이나 예전 영화에서 객혈喀血하는 장면으로 결핵에 걸린 사람을 표현하는 경우가 많은데, 결핵 환자라고 모두 그런 것은 아니다. 결핵이 상당히 진행되거나 폐암인 경우에나 피를 토하는 정도의 객혈을 하며, 대부분의 결핵 환자는 가래에 피가 조금 섞여 나오는 정도일 뿐이다.

18세기 중반까지도 결핵은 대를 물려 내려오는 유전병의 하나라고 생각했다. 그 당시 결핵은 낭만적 질병의 대명사였는데, 지금도 결핵하면 홀로 있는 가녀리고 해쓱한 긴 머리 소녀나, 객혈과 기침을 상상력과 맞바꾸는 시인이나 작곡가를 떠올리는 이들이 많다. 결핵을 부유한 계층의 유전병이라고 여긴 이들도 많아, 여성들은 일부러 결핵에 걸린 것처럼 꾸미기도 했다. 예일대에서 의학사를 가르치는 프랭크 스노든은《감염병과 사회》에서 당시 여성의 화장법을 이렇게 표현했다.

"눈꺼풀에 벨라도나를 살짝 바르면 눈동자가 커 보여 미의 상징인 결핵 환자의 큰 눈처럼 보이고, 말오줌나무 열매액을 살짝 눈꺼풀에 비벼 눈꺼풀이 어둡게 보이면 눈에 시선도 집중되고 눈도 교묘하게 커 보이는 효과가 있다고도 했다. 한편, 쌀가루로 만든 분은 이미 살펴봤듯이 피부색을 투명하고 창백하게 할 수 있었고, 입술에 붉은색을 얇게 펴 바르면 얼굴에 홍조를 띤 열병 효과를 재현할 수 있는 한편, 뺨도 창백한 것처럼 강조할 수 있었다."

그러나 결핵에 대한 이런 낭만적 인식은 1880년대 말 감염성 질병이라는 것이 사실로 밝혀지면서 달라지기 시작했다. 로베르트 코흐가 결핵균을 발견하고 '코흐의 4 원칙'을 발표한 1882년이 그 기점이었다. 이제 "결핵은 가난하고 불결한 사람들이 걸리는 몹시 불쾌하고 전염성이 강하며 낙인찍기 좋은 질병"(스노든)이 된 것이다.

결핵은 20세기 중반까지도 가장 심각한 감염병 중 하나였다.

피아노의 시인 프레데리크 쇼팽도, 스페인 독감도 이겨 냈던 〈절규〉의 화가 에드바르트 뭉크도, 《동물농장》과 《1984》를 쓴 조지 오웰i도, 《페스트》와 《이방인》을 쓴 알베르 카뮈도, 《변신》의 프란츠 카프카도, 영화 〈바람과 함께 사라지다〉에서 스칼렛 오하라 역을 맡았던 비비안 리도, 일제 강점기의 천재 시인 이상도 결핵으로 쓰러졌다. 앞서 플레밍보다 먼저 페니실린을 발견할 수도 있었다고 한 에르네스트 뒤셴 역시 결핵에 걸려 죽었다. 지금도 결핵의 위험은 사라지지 않았다. 세계보건기구WHO는 2021년 전 세계적으로 약 160만 명의 결핵 환자가 사망한 것으로 보고했는데, 2019년의 140만 명, 2020년의 150만 명과 비교하여 꾸준히 증가하는 상황이다. 우리나라의 경우엔 결핵이 사망원인 14위에 해당하는, 질병 부담이 큰 질병이다. 이른바 선진국 그룹이라고 하는 OECD 38개 회원국 중 가장 높은 결핵 발생률을 보이는데, 2021년 기준으로 한 해 동안 10만 명당 44.6명의 결핵 환자가 발생한 것으로 보고되었다. 하지만 교양 과학책에서 결핵에 관한 내용을 찾는 것은 쉬운 일이 아니다. 그 이유를 생각해 보면, 결핵은 다른 감염병과 달리 극적인 상황을 연출하지 않는다. 이를테면 갑자기 퍼지면서 도

i 조지 오웰은 스트렙토마이신을 맞은 최초의 스코틀랜드인이다. 영국에서 스트렙토마이신에 대한 임상 시험이 이뤄질 때 나이가 많아 처음에는 선정되지 못했다. 하지만 자신의 인맥을 동원해 미국에서 직접 약을 공급받을 수 있었다. 약 구매 대금은 미국에서 팔린 《동물농장》 인세가 들어 오는 미국 계좌로 치렀다. 스트렙토마이신을 맞고 처음에는 좋아졌으나, 곧 심한 약물 알러지 반응이 나타나 치료가 중단되었고, 조지 오웰은 결국 사망했다. 다 먹지 못하고 남은 약으로 다른 두 여인이 목숨을 건졌다.

시를 황폐화시키지도 않고, 또 어느날 한순간에 급작스레 사라지지도 않는다. 감염이 되어도 오랫동안 증상이 나타나지 않기도 하고, 증상이 나타나더라도 갑자기 악화되는 게 아니라 서서히 몸이 망가지며 죽는다.

결핵균을 발견한 사람은 파스퇴르와 함께 세균병인론을 정립한 독일의 로베르트 코흐다. 코흐는 결핵균을 발견하고 병리를 연구하는 데서 멈추지 않고 치료법도 연구했다. 그리고 마침내 결핵의 치료제도 찾아냈다고 생각했다. 바로 투베르쿨린tuberculin을 결핵 백신으로 개발한 것이다. 하지만 그가 개발한 투베르쿨린은 얼마 지나지 않아 결핵에 효과가 없는 것으로 밝혀졌다. 지금은 결핵에 대한 알레르기 진단 반응으로 활용되고 있는데, 그만큼 결핵 치료제는 힘든 목표였고, 결핵 정복은 지금도 높은 산이다. 그 높은 산을 오르는 데 첫 번째 지팡이가 되어준 약이 바로 스트렙토마이신이다.

최초의 결핵 치료제, 스트렙토마이신

스트렙토마이신은 페니실린과 더불어 항생제 혁명을 불러온 항생제 중 하나다. 둘 다 미생물이 만들어 내는 화합물로 다른 미생물을 물리치는, 이른바 '세균의 길항 작용'을 이용한 항생제다. 항생제를 분류할 때 그 구조에 따라 여러 계열로 나누는데, 스트렙토마이신은 아미노글리코사이드 계열aminoglycosides에 속하는 항생제다. 아미노글리코사이드 계열의 항생제는 이름에서 알 수 있듯이 아미노당amino sugar이 글리코시드 결합glycosidic bond에 의해 연결되어 있다. 이 아미노글리코사이드 계열의 첫 항생제가 바로 스트렙토마이신이고, 여기서 변형된 구조를 갖는 여러 항생제가 나온다. 네오마이신, 카나마이신, 젠타마이신, 토브라마이신과 같이 임상에서 널리 사용되는 항생제가 바로 그것들이다.

스트렙토마이신과 같은 아미노글리코사이드 계열 항생제는 6각형의 아미노사이클리톨 고리aminocyclitol ring를 기반으로 하고, 여기에 2개 이상의 아미노당이 연결되어 있다. 아민(amine, 작용기가 아미노기, 즉 $-NH_2$인 물질)이 많아서 전체적으로 양전하를 띤다. 그래서 음전하를 띠는 세균의 표면에 잘 달라붙을 수 있다. 세균 표면에 붙은 이후에는 능동 수송을 통해서 세균 내부로 들어간다. 세균 내부에서 아미노글리코사이드 항생제의 표적은 mRNA에 따라 단백질을 합성하는 '번역translation 과정'이다. DNA는 mRNA로 전사transcription되고, mRNA는 리보솜에서 단백질로 번역되는데, 아미노글리코사이드는 리보솜을 구성하는 단위체 중 소단위체(30S 리보솜)에 작용해서 mRNA가 단백질로 번역되는 것을 방해한다.[ii] 또한 tRNA가 A 자리에서 P 자리로 옮기는 과정도 방해해 제대로 된 폴리펩타이드가 만들어지지 못하게 한다. 리보솜에

글리코시드 결합

서 tRNA가 들어오는 곳을 A 자리, tRNA가 나가는 곳을 P 자리라고 한다. 사람과 세균은 리보솜의 구조가 달라 사람에게는 작용하지 않고 세균에게만 작용한다.

스트렙토마이신은 1943년에 처음 발견된 후, 제2차 세계 대전 말부터 미군에서 치료제로 사용되었다. 지금 같으면 전前임상, 임상 1상, 임상 2상, 임상 3상 등 지루하고 엄격한 검증 과정을 거친 후에야 환자에게 투약되었겠지만, 당시에는 그런 과정 없이 바로 치료제로 쓰였다. 또 전쟁 중이라는 특수 상황도 있었다. 스트렙토마이신은 처음부터 굉장한 효과를 보였을까? 그렇진 않았던 것으로 보인다. 첫 번째 환자와 두 번째 환자 모두 치료에 실패하고 말았다. 하지만 세 번째 환자의 치료에 성공하면서 비로소 인정을 받을 수 있었다. 그는 기관총에 피격되어 중상을 입은 23살의 중위였다. 총상 부위가 감염되어 폐렴으로 이어졌고, 다량의 페니실린으로도 치료가 되지 않았다. 젊은 중위는 스트렙토마이신 덕분에 목숨을 건졌고, 새로 개발된 항생제의 효과를 확인시켜 주었다. 이 중위는 세월이 지나 미국 상원의원이 되었고, 상원 원내대표, 결국은 미국의 대통령 후보까지 되었다. 그의 이름은 로버트 돌Robert

---

ii 리보솜은 mRNA에 따라 아미노산을 연결해 단백질을 합성하는 세포소기관으로, 대단위체와 소단위체로 분리되어 있다. 리보솜은 구성하는 단백질의 형태와 분자량은 생물마다 달라, 원심분리를 했을 때 나오는 값으로 나눠 구분한다. 'S'는 원심 분리를 했을 때 얼마나 빨리 침강하는지 나타내는 단위로, 스웨덴의 화학자 테오도르 스베드베리(Theodor Sevdberg)의 이름에서 따왔다. 1S는 10^{-13}초에 해당한다. 입자가 크면, S값은 커진다.

Dole이다. 보통은 밥 돌이라고 부른다. 그는 결국 대통령 선거에서 패했는데, 그때 대통령이 된 이가 바로 빌 클린턴이다.

스트렙토마이신이 특히 주목을 받은 이유는 바로 결핵에 효과가 있었기 때문이다. 앞서 개발된 페니실린은 '기적의 약'이라는 찬사를 받았지만, 결핵에는 효과가 없었다. 그런데 스트렙토마이신은 애초에 결핵균을 표적으로 하여 찾아낸 항생제였다. 1947년 오스틴 힐이 주도하여 결핵 환자를 대상으로 임상 시험이 시행되었고, 결과는 스트렙토마이신의 효과를 입증해주었다.[iii] 첫 번째 결핵 치료제가 나온 것이다.

너무 힘들게 찾은 '발견자'라는 이름

앨버트 샤츠는 스트렙토마이신의 발견과 관련하여 노벨상을 받지 못하고 특허권에서도 배제되면서 지도 교수였던 왁스먼과 불화하고 지리한 재판을 벌인 비운의 과학자처럼 인용되곤 한다. 하지만 실제로는 그 외에 다른 중요한 업적도 꽤 있다. 그는 1960년

---

iii 스트렙토마이신을 투여한 55명은 6개월 후 3명만 사망한 반면, 대조군 55명은 14명이 사망했고, 호전된 환자는 없었다. 다만 스트렙토마이신을 투여해서 6개월 후 호전되었다고 보고된 28명 가운데 많은 경우가 재발했다. 항생제 내성 때문이었다.

대에 플루오린(불소)화 수돗물의 해로운 효과에 대해 꽤 많은 연구 논문을 남겼다. 그렇지만 샤츠의 업적으로 가장 중요한 것은 뭐니 뭐니해도 결핵에 대한 항생제인 스트렙토마이신의 발견이며, 또 그것과 관련한 여러 논란이 대중의 관심을 끌었고, 과학자 사회의 여러 불합리한 관행을 적나라하게 드러내 주었다.

샤츠는 1920년 2월 2일 미국 코네티컷주의 노리치에서 태어났다. 1923년 부모가 뉴저지주의 퍼세이크로 이주해서 그곳에서 성장했다. 어린 시절에는 종종 코네티컷주의 보즈라에 있는 할아버지의 농장에 놀러 가 일도 했는데, 그곳은 중앙난방은 물론, 전기, 수돗물, 전화도 없는 곳이었다고 한다. 이때 러시아어를 배웠고, 대학에 다니면서 러시아어를 조금 더 배워 나중에는 러시아어로 된 앞선 논문을 읽을 수 있었다고 한다. 1938년 아버지의 제1차 세계 대전 참전에 대한 보상으로 장학금을 받아 뉴저지주 럿거스 대학의 농과대학에 등록할 수 있었다. 1942년에 대학을 졸업하고, 곧바로 토양 미생물학 전공으로 박사 학위 과정에 지원하여 당시에도 유명했던 셀먼 왁스먼의 지도를 받게 된다. 그때 그가 연구한 건 푸마르산과 3종의 항생제, 액티노마이신, 클라바신, 스트렙토트리신이었는데, 이 항생제는 모두 독성이 강해 사람의 감염병에는 사용할 수 없었다. 그래도 이들을 통해 샤츠는 항생제 분야에 문을 열고 들어갈 수 있었다.

그러나 전쟁이 격화되면서 샤츠는 학업과 연구를 잠시 중단해야 했다. 5개월 후, 그는 왁스먼의 실험실을 떠나 마이애미의 공군 병원에 미생물학자로 파견되었다. 그곳에서 그는 온갖 종류의 세균에 감염되어 고통받는 환자들을 목격했다. 독일의 도마크가 개발한 설파제는 효과를 보이는 경우도 있었지만 환자별로 편차가 심했고, 다른 항생제들은 독성이 너무 강했다. 막 개발된 페니실린도 효과를 일부 확인했지만, 그람 양성균에만 효과가 있었지 장티푸스균이나 콜레라균과 같은 그람 음성균과 결핵균에 대해서는 효과가 거의 없다는 것도 알게 되었다. 샤츠는 그런 감염병으로 죽어가는 환자를 지켜 보면서 무력감을 느꼈다고 나중에 털어놓기도 했다. 근무가 없는 시간에는 다양한 곰팡이와 방선균[iv]을 분리하거나 시험했고, 일부를 왁스먼 교수에게 보내기도 했다. 실제로 샤츠는 스트렙토마이신의 발견으로 이어진 자신의 연구가 군대에 있을 때부터였다고 분명하게 밝히고 있다.

1943년 6월 샤츠는 등에 입은 부상으로 군에서 제대하고 왁스먼의 실험실로 돌아왔다. 샤츠는 감염병을 치료할 수 있는 새로운 항생제를 찾아 내겠다는 개인적 미션을 왁스먼의 허락하에 수행하기 시작했다. 샤츠에 따르면, 이즈음 메이요 클리닉의 윌리엄 펠드먼이 왁스먼에게 결핵을 치료할 수 있는 항생제를 찾아볼 것을 권유했다고 한다. 하지만 왁스먼은 이를 꺼렸다고 하는데, 사람을 감염시킬 수도 있는 결핵균을 실험실에서 다루는 걸 두려워해서 그

---

iv 방선균은 곰팡이가 아니라 세균이지만 자랄 때 곰팡이처럼 실 모양으로 자란다. 그래서 방선균(放線菌)이라는 이름이 붙었다.

랬다는 것이다. 어쩌면 왁스먼은 결핵을 치료할 수 있는 물질을 찾는 연구에 큰 기대를 하지 않았을 수도 있다.

그럼에도 여전히 의욕을 보인 샤츠에게 왁스먼은 병독성이 있는 결핵균을 다룰 수 있도록 지하 실험실을 배정했고,[v] 샤츠는 결핵을 치료할 수 있는 항생제를 찾는 실험을 시작했다. 그는 몇 개월에 걸쳐 약 1000개의 방선균을 테스트했다. 그리고 10월 중순 경 토양에서 스트렙토미세스 그리세우스*Streptomyces griseus* 균주 2개에서 새로운 항생물질을 추출하고 분리해 냈다. 이 중 하나는 샤츠가 직접 토양에서 분리한 것이었고, 다른 하나는 동료 대학원생인 도리스 존스가 '건강한' 닭의 목에서 분리한 것이었다.[vi] 샤츠는 자신이 흙에서 분리한 세균에는 18번째로 시도한 끝에 나왔다고 해서 '18-16'이라는 번호를 붙였고, 존스가 건네준 세균에는 도리스라는 그녀 이름의 머릿글자를 따서 'D-1'이라고 번호를 붙였다. 방선균에서 나온 이 두 개의 항생물질로 시험관에서 시험했더니, 장티푸스균, 즉 살모넬라와 같은 그람 음성균과 다른 그람 양성균에 모두 강력한 효과가 있었고, 달걀로 실험했을 때에도 달걀에는 전

---

[v] 왁스먼의 실험실은 3개였고, 지하 실험실 외에 다른 실험실 2개와 사무실은 같은 건물 3층에 있었다.

[vi] 도리스 존스는 당시 동물병리학 전공 프레더릭 보데트(Frederick Beaudette) 교수의 실험실 소속으로, 닭을 대상으로 바이러스에 대한 미생물과 항생물질의 영향을 연구하고 있었다. 왁스먼은 존스의 석사학위 심사위원회 위원장이었다. 왜 닭의 목에서 토양 세균이 나왔는지는 확실히 알 수 없으나 흙먼지가 날리면서 흙에 있던 세균이 닭에게 들어간 것으로 추측된다.

혀 해가 없었다. 샤츠는 자신이 새로운 항생제를 찾아낸 시점이 1943년 10월 19일 오후 2시라고 분명하게 못 박고 있다.

샤츠는 이 물질에 방선균의 학명 스트렙토미세스*Streptomyces*를 따라 스트렙토마이신이라는 이름을 붙였다.[vii] 그는 이 새로운 항생물질을 결핵균에 시험해 보고 싶었다. 왁스먼은 이미 결핵균 균주를 여럿 확보하고 있었고, 샤츠도 개인적으로 새로운 화학물질을 분리하는 방법을 연구하고 있었다. 샤츠는 실험의 진행 상황을 왁스먼에게 꾸준히 보고했지만, 왁스먼은 단 한 차례도 샤츠가 연구하는 지하 실험실에 내려오지 않았다고 한다. 실험실 바닥에서 쪽잠을 자면서까지 밤낮으로 연구한 샤츠는 결국 폐렴으로 쓰러지기도 했다. 《열한 번째 실험*Experiment Eleven*》을 쓴 피터 프링글은 "실험실 사람 중에 유일하게 왁스먼만 병문안을 오지 않았다"고 쓰고 있다. 샤츠는 얼마후 기력을 회복하고 마침내 실험을 마무리할 수 있었다. 그 사이 샤츠와 왁스먼은 공동으로 세 편의 논문을 발표하는데, 모두 샤츠가 제1 저자였다.

그는 상당량의 배양액을 준비해 시험에 사용할 수 있을 정도로 충분한 양의 스트렙토마이신을 추출해서, 메이요 클리닉의 윌리엄 펠드먼과 코윈 힌쇼에게 보낼 수 있었다.[viii] 펠드먼과 힌쇼는

---

vii 이 이름을 누가 붙였는지에 대해서도 논란이 없지 않지만, 이 이름으로 항생제를 '마이신'이라고 부르는 관행이 생겼다. 예전에는 모든 항생제가 '마이신'이었다.

viii 펠드먼은 당시 동물 실험에 쓰인 스트렙토마이신을 샤츠가 준비한 것인 줄 몰랐다. 1963년 샤츠가 칠레 대학에 재직할 때 여행 중에 그를 만나고서야 그 사실을 알았다고 한다.

앨버트 샤츠(왼쪽)와 셀먼 왁스먼

독성 검사와 함께 결핵균에 감염시킨 기니피그에 새로운 항생물질을 투여했고, 결과는 성공이었다. 스트렙토마이신은 기니피그에 독성을 나타내지 않았고, 결핵이 치료되었다. 곧바로 사람에 대한 테스트도 진행되었다. 스트렙토마이신은 태어난 지 두 달 된 아기를 살려냈다. 1944년 가을의 일이었다. 이때까지만 해도 왁스먼은 샤츠를 두고 반복적으로 "내가 만난 가장 뛰어난 학생"이라고 언급했고, 스트렙토마이신 발견에 관한 그의 역할을 인정하고 있었다.

그런데 바로 그 후부터 왁스먼의 태도가 달라졌다. 왁스먼은 언론과 접촉할 때마다 스트렙토마이신의 발견에 자신이 주도적인 역할을 했으며, 샤츠는 단지 대학원생으로 참여해 보조적인 역할을 했을 뿐이었다는 인상을 주었다. 그렇게 스트렙토마이신 발견의 역사는 왁스먼에 의해 다시 쓰여지기 시작했다.

1946년 왁스먼은 샤츠에게 스트렙토마이신 발견 특허에 관해 발견자로서 권리를 럿거스 연구 및 기부 재단Rutgers Research and Endowment Foundation에 무상으로 (형식상 1달러를 받는 조건으로) 양도한다는 내용의 동의서를 내밀었다. 샤츠는 다들 그러는 줄 알고 서명했다. 그런데 샤츠는 나중에야 다른 한 사람이 다른 내용의 서류에 서명했다는 것을 알게 되었는데, 그 내용은 바로 왁스먼이 특허권의 20퍼센트를 갖는다는 것이었다. 1949년 혹은 1950년에 이를 알게 되었고, 샤츠는 1950년 3월 소송을 제기했다. 당시 왁스먼은 공개적으로는 전혀 로열티를 받은 게 없다고 했지만, 재판에서 밝혀진 바에 따르면 실제로는 비밀리에 35만 달러를 받은 상태였다. 럿거스 대학의 재단은 로열티로 그때까지 260만 달러를 벌고 있었다. 물론 샤츠에게는 한 푼도 돌아가지 않았다. 재판에서는 왁스먼이 비밀리에 제약회사 머크와 특허 권리와 함께 실험에 관한 모든 정보를 배타적으로 제공하는 조건으로 한 달에 300달러를 지급받는 계약을 맺었던 것도 밝혀졌다. 그해 말 법정 밖의 합의를 통해 결국 샤츠는 스트렙토마이신 공동 발견자로 인정받았다. 꼼꼼히 작성했던 샤츠의 실험 노트가 결정적이었다. 그는 로열티의 일부도 받을 수 있었다. 샤츠는 3퍼센트, 왁스먼은 10퍼센트로 정해졌다. 그리고 나머지 7퍼센트는 스트렙토마이신 개발에 도움을 준 실험실의 다른 연구원들에게 분배되었다. 하지만 2년 후 노벨 생리의학상은 왁스먼에게 단독으로 돌아갔다. (이 장 맨 앞 가상의 샤츠의 회상에서 보듯이) 왁스먼은 노벨상 수상 소감에서든 공식적인 연설에서든 샤츠를 한 차례도 언급하지 않았다.

샤츠는 스트렙토마이신의 공동 발견자로 공식 인정받았지만, 자신의 지도 교수와 소송까지 불사했다는 이유로 한동안 주요 대학에 교수로 임용될 수 없었다. 그는 여러 기관과 연구소에서 미생물학자로 일했고, 수많은 메달을 받았으며, 광범위한 연구 업적으로 명예 학위를 받으며 일정한 보상을 받았다. 1962년부터 칠레 대학, 워싱턴 대학, 템플 대학에서 교수로 활동했으며 1981년에 퇴임했다. 그는 모교에서도 인정을 받았다. 1994년 4월 28일 럿거스 대학교는 50년 전 스트렙토마이신 발견의 공로를 인정하여 대학 최고 영예인 럿거스 메달을 샤츠에게 수여했다. 샤츠는 2005년

샤츠가 자신의 연구 업적을 인정받는 데 결정적인 역할을 한 실험 노트

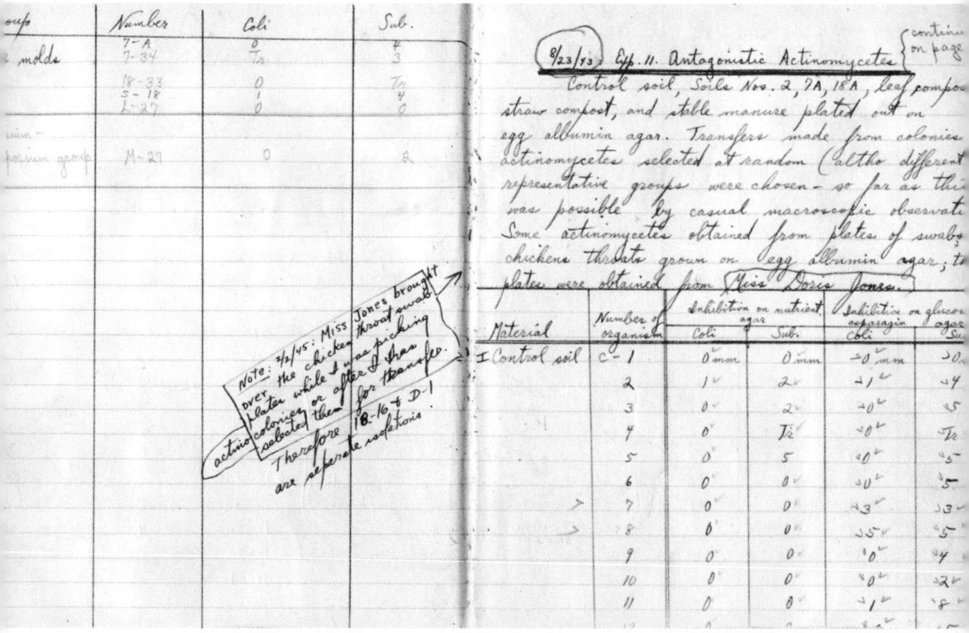

...oup	Number	Coli	Sub.
... molds	7-A	0	4
	7-34	Tr	3
	18-33	0	Tr
	S-18	1	4
	L-27	0	0
...ium –			
...porium group	M-27	0	2

Note: 3/2/45: Miss Jones brought over the chicken throat swab plates while I was picking actino colonies or after I has selected them for transfer. Therefore 18-16 & D-1 are separate isolations.

8/23/43 Exp. 11. Antagonistic Actinomycetes {continu... on page

Control soil, Soils Nos. 2, 7A, 18A, leaf compos... straw compost, and stable manure plated out on egg albumin agar. Transfers made from colonies actinomycetes selected at random (altho different representative groups were chosen – so far as thi... was possible by casual macroscopic observati... Some actinomycetes obtained from plates of swabs chickens throats grown on egg albumin agar; t... plates were obtained from Miss Doris Jones.

Material	Number of organism	Inhibition on nutrient agar: Coli	Sub.	Inhibition on glucose asparagin agar: Coli	Su...
I Control soil	C-1	0 mm	0 mm	0 mm	0
	2	1	2	1	4
	3	0	2	0	5
	4	0	Tr	0	Tr
	5	0	5	0	5
	6	0	0	0	5
	7	0	0	3	3
	8	0	0	5	5
	9	0	0	0	4
	10	0	0	0	2
	11	0	0	1	8

1월 17일, 여든다섯 번째 생일을 두 주 앞두고 췌장암으로 세상을 떠났다.

샤츠의 지도 교수였던 왁스먼

러시아 출신의 유대인이었던 왁스먼은 식물에서 이용되는 미생물이나 다양한 산업에서 이용되는 미생물의 산물에 관심을 가진 토양 미생물학자였다. 그는 1910년 김나지움을 졸업하자마자 미국으로 이민을 갔고(19세기 말에서 20세기 초 러시아에서도 반유대주의가 폭동 수준으로 기승을 부렸다), 다음 해 럿거스 대학에 들어갔다. 1915년에 농학사 학위를 받고 졸업하고, 같은 대학에서 1918년에는 생화학 전공으로 박사 학위를 받았다. 대학원에서는 토양 세균학을 연구했다. 학위 중 몇 달 동안 워싱턴 DC에 있는 미국 농무부에서 토양 곰팡이를 연구하기도 했다.

왁스먼은 박사 학위를 받고 바로 럿거스 대학의 교수가 되었다. 대학에 있으면서, 1931년에는 우즈홀 해양연구소에 해양 세균학 연구 부서를 신설해 그곳에서 1942년까지 해양 세균학자로 연구하기도 했다. 1951년에는 왁스먼 개인이 보유하고 있던 스트렙토마이신을 비롯한 여러 특허의 로열티로 왁스먼 미생물재단을 설립했다.

그는 1939년 이전에는 인간이나 동물의 질병과 관련한 문제에 전혀 관심이 없었다고 했지만, 흙 속의 미생물이 어떤 물질을 분비해서 다른 미생물을 죽이는, 즉 길항 작용을 한다는 것은 알고 있었다. 세균 사이의 길항 작용을 통해 감염병을 조절한다는 아이디어는 루이 파스퇴르에서 비롯한다. 파스퇴르는 1877년 일반적인 세균이 탄저균의 생장을 억제할 수 있다고 언급한 바가 있다. 당시에 이미 미생물들 사이에 생존 투쟁이 있다는 건 많은 사람이 알고 있었던 셈이다.

왁스먼은 그중에서도 방선균에 주목했다. 그는 방선균에서 여러 물질을 추출해서 세균을 죽일 수 있는지 실험했다. 앞서 얘기했던 악티노마이신, 클라바신, 스트렙토스리신 같은 것들이라고 할 수 있는데, 이것들의 문제는 독성이었다. 이런 물질은 세균만 죽여야 하는데, 동물에도 독성이 있었던 것이다.

그는 플레밍의 페니실린에 대해 몰랐던 것으로 보이고, 페니실린을 약으로 만들기 위해 대서양 건너에서 중요한 연구가 진행되고 있다는 것도 알지 못했다. 1940년 8월에 플로리와 체인이 《랜싯》에 발표한 논문을 보고서야 알았다고 하니까 말이다. 그 이후에도 큰 진전을 보이지 못하다 샤츠가 실험실에 합류한 이후 드디어 독성이 없는 항생제, 즉 스트렙토마이신을 찾아낸 것이었다. 앞서 본 대로 그가 이 과정에서 어떤 역할을 한 것인지에 대해서는 논란이 많지만, 최소한 그는 실험실의 책임자였으며, 연구 방향을 제시한 지도 교수라는 점은 분명한 사실이다.

왁스먼은 스트렙토마이신의 발견 이후에도 연구 업적을 꾸준히 쌓아갔다. 스트렙토마이신 이후 두 번째 아미노글리코사이드 계열의 항생제인 네오마이신을 발견했고, 이 밖에도 여러 방선균에서 다양한 항생제와 항암제를 개발했다. 항생제antibiotics란 용어를 처음 만들어 사용한 사람도 왁스먼이라고 알려져 있다.[ix]

연구 초기부터 샤츠가 거의 독립적으로 스트렙토마이신에 관한 연구를 수행했다고 하지만, 사실 왁스먼이 스트렙토마이신 개발에 지분을 가지고 있다는 걸 부정할 수는 없다. 스트렙토마이신 개발은 어쨌거나 그가 주도하던 실험실에서 이루어진 일이었다. 왁스먼은 샤츠가 그의 실험실에 합류하기 전부터 토양 미생물에서 항생제를 찾아왔고, 미생물 사이의 생존 경쟁에 관해 이미 상당 기간 연구를 수행해오고 있었다. 그는 1941년 미생물 사이의 경쟁에 대해 논문을 썼는데, 이 논문에는 무려 373개의 참고 문헌이 달려 있을 정도로 이 주제에 관해 방대하게 조사하고 있었다. 또한 메이요 클리닉의 연구진과 협력 관계를 이어오고 있었을 뿐만 아니라, 거대 제약회사인 머크와도 상업적 관계를 만들어놓고 있었다.

[ix] 이 부분에 대해서는 논란이 있다. 우선 1928년에 파파코스타와 가테가 출간한 《미생물 군집, 치료에 응용하기(Les Associations Microbiennes, Leur Applications Thérapeutiques)》란 책에 'antibiotic'이라는 용어가 나온다고 한다. 좀 더 거슬러 올라가면 1877년 프랑스의 장 폴 부이유맹(Jean Paul Vuillemin)이 처음 썼다는 기록도 있다.

연구 업적의 배분을 둘러싼 논란

1952년 왁스먼의 노벨상 단독 수상이 옳은지 아닌지에 대해서는 논란이 있다. 어떤 이는 왁스먼과 함께 샤츠와 외르겐 레만이 공동으로 받아야 한다고 말한다. 레만은 결핵 환자에게 스트렙토마이신과 함께 경구 투여했을 때 효과를 발휘하는 PASpara-amino-salicylic acid를 개발했다. 실제로 1952년 노벨 생리의학상 후보에는 왁스먼과 함께 샤츠도 올랐고, 실험실의 대학원생이면서 스트렙토마이신 관련 첫 논문의 두 번째 저자였던 엘리자베스 버기도 올랐던 것으로 노벨 재단의 홈페이지에는 나온다(버기와 관련해서는 나중에 좀 더 자세히 다룬다). 레만은 1951년과 1952년에 모두 후보에 올랐다. 아마도 노벨상 선정위원회가 스트렙토마이신이 어떻게 발견되었는지 정확히 알지 못했을 가능성이 있다. 바로 직전에 벌어진 스트렙토마이신 관련 소송에 대해서도 몰랐던 듯하다. 그들은 샤츠를 스웨덴어로 "medarbetare"로 지칭했다는데, 이는 낮은 지위의 조수 정도를 의미하는 단어다.

어떤 발견에 대해 결정적인 기여를 한 젊은 공동연구자(주로 대학원생에 해당할 것이다)에 대해 어떻게 판단할 것인지에 대해서는 지속적으로 문제가 제기된다. 노벨상을 비롯하여 많은 과학 관련 상에서 젊은 공동연구자가 배제되는 경우는 많다. 연구에서 그 공헌의 정도를 따지는 것은 매우 힘든 문제다. 아이디어가 어디서 나왔는지를 명확히 확인할 수 없는 경우도 많고, 연구의 과정이 단순하지 않기 때문에 지도 교수와 대학원생의 공헌 정도를 잘라서 말하기도 어렵다. 특히 중요한 업적의 경우는 그것이 장래의 평가와 많이 관련되기 때문에 누구의 공을 더 많이 인정할 것이냐를 두고 다툼이 벌어지는 경우가 흔하다.

노벨상과 관련하여 그와 비슷한 일이 많지만(노벨상 수상자가 발표되면 거의 매번 나온다), 최근 들어 특히 주목받은 경우는 선천 면역에 대한 업적(톨Toll-유사 수용체 발견)으로 프랑스의 면역학자 쥘 호프만에게 주어진 2011년 노벨 생리의학상이다.[x] 노벨상과 관련된 논문에서 결정적인 역할을 한 브루노 르메트르가 수상자 명단에 포함되지 않아 논란이 일었다. 호프만의 노벨상 수상에서 결정적인 역할을 한 논문의 제1 저자였던(교신저자는 당연히 호프만이었다) 르메트르는 샤츠와 마찬가지로 해당 연구 프로젝트는 자신이 시작했으며, 주요한 발견은 모두 자신이 했고, 호프만은 지도 교수이긴 해도 자신의 연구에 거의 관심이 없었다고 주장했다. 논문의 첫 버전 역시 자신이 썼기 때문에 호프만의 기여는 겨우 논문

---

x 노벨상은 살아 있는 사람에게만 수여되는 게 원칙이다. 그런데 2011년 노벨 생리의학상은 이례적으로 쥘 호프만과 함께 죽은 사람에게도 수여되었다. 바로 랠프 스타인먼이다. 그는 캐나다 출신의 면역학자로 수지상세포(dendritic cell)를 발견한 공로로 노벨상 수상자로 지명되었다. 사실 그는 노벨상위원회의 발표 사흘 전에 세상을 떠났는데, 위원회는 그 사실을 알지 못한 채 수상자를 발표했다. 그에게 노벨상을 수여해야 할지 논의가 잠시 있었지만, 노벨상 지명이 철회되지는 않았다.

을 개선한 것밖에 없다고 주장하기도 했다. 호프만은 노벨상 수상 연설에서 르메트르의 기여에 대해 언급하긴 했으나, 그는 비슷한 역할을 한 여러 사람 중 한 명일 뿐이며, 자신이 노벨상 수상자로서 충분한 자격이 있다고 밝혔다.

이런 예는 아주 흔히 볼 수 있는데, 시간을 거슬러 올라가면 유명한 사례 하나를 만날 수 있다. 바로 인슐린 발견에 수여된 1923년 노벨 생리의학상에서 당시 학생이던 찰스 베스트가 제외된 일이다.

1920년 평범해 보이던 캐나다의 외과의사 프레더릭 밴팅이 아이디어 하나를 떠올렸다. 당시 그는 췌장에 관한 글을 읽고 당뇨병에 관심이 생긴 참이었다. 여러 과학자의 연구 결과를 이것저것 살펴보니, 췌장에서 나오는 특정 분비액이 부족해서 당뇨병이 발생하는 것 같다는 의견이 제시되고 있었다. 그런데 문제는, 여러 사람들이 췌장을 갈아서 그 분비액을 추출하려고 했지만, 결과는 항상 실패였다. 췌장에서 분비되는 단백질 분해효소가 그 분비액을 파괴해버렸던 것이었다. 그러던 차에 바로 그 해에 췌장관을 묶어 막을 수 있는 방법을 제시한 실험 논문이 발표되었다. 밴팅은 이 논문을 읽고, 그럼 췌장관에 영양분이 흘러 들어가지 않게 하면 소화액을 분비하는 기능을 잃어버릴테니 당뇨를 막아주는 분비액을 추출할 수 있지 않을까라고 생각한 것이다.

그는 이 아이디어를 들고 당시 당뇨병 연구의 권위자였던 토론토 대학의 존 매클라우드 교수를 찾아갔다. 매클라우드는 변변

찮아 보이는 의사의 아이디어가 별것 아니라고 여겼다. 하지만 그래도 자신이 여름 휴가를 가는 동안 자신의 실험실을 쓰라고 하면서 실험용 개 열 마리를 주었고, 대학원생인 찰스 베스트를 불러 그를 도와주라고 지시하고 떠났다. 밴팅과 베스트는 개의 췌장을 제거하는 실험을 통해 당뇨병이 췌장에서 분비되는 물질과 관련이 있다는 걸 분명하게 확인했고, 췌장을 분리하고 분쇄, 여과해서 결국 해당 물질을 추출해 냈다. 그는 이 물질을 '아일레틴isletin'이라고 불렀는데, 이 물질을 당뇨병에 걸리게 한 개에게 주사했더니 혈당이 빠르게 내려간 것이다. 휴가에서 돌아온 매클라우드는 실험 결과를 전달받고 깜짝 놀랐다. 획기적인 연구가 분명해 보였다. 그는 베스트와 밴팅이 추출한 물질의 이름을 '인슐린insulin'으로 바꾸고, 임상 시험을 거쳐 발표했다. 그리고 1923년 노벨 생리의학상 수상자로 밴팅과 매클라우드가 선정되었다.

매클라우드가 연구에 별 역할을 하지 못했다고 생각한 밴팅도 노벨상 선정 결과를 인정할 수 없었지만, 당연히 자신이 노벨상을 받아야 한다고 생각했던 베스트는 크게 분노했다. 이를 안타까워한 밴팅은 노벨상 수상자를 자신이 추가할 수는 없지만, 그대신 자신이 받은 노벨상 상금의 절반을 베스트에게 주면서 그의 노력을 인정하고 위로해 주었다. 그러자 매클라우드도 자신의 상금 절반을 임상 시험에 쓸 수 있게 인슐린을 정제한 생화학자 제임스 콜립에게 나눠주었다. 사실 매클라우드가 한 일은 별로 없었지만, 당시 그는 유명한 과학자였기에 노벨상 선정위원회는 그가 이 일에 중심적인 역할을 했을 거라 판단한 것으로 보인다. 밴팅이 노벨상을 받을 때의 나이는 32살로 아직까지 노벨 생리의학상 분야에서 최연소 수상자로 기록되고 있다. 베스트는 1950년대에 인슐린 연구를 포함하여 콜린과 지질 대사 연구로 여러 차례 노벨상 후보에 오르지만 끝내 수상하지는 못했다.

과연 '누구'의 연구일까

현재 대부분의 생물학 연구실은 교수와 박사후 연구원, 대학원생과 기술연구원으로 구성된다. 이런 인적 구조에서 중요한 연구 성과가 나왔을 때, 그 성과의 지분을 나누는 것은 정말이지 쉽지 않다. 우선 맨 처음 아이디어를 낸 사람이 분명히 있을 것이다. 그건 교수일 수도 있고, 박사후 연구원이나 대학원생일 수도 있다. 혹은 외부의 다른 사람일 수도 있다. 아니면 누구라고 꼭 집어 말하기 어려운 경우도 있다. 그럴 경우가 훨씬 많을 것이라고 생각한다. 그리고 이제, 실험실에서 연구를 직접 수행하는 사람은 박사후 연구원이나 대학원생이다. 그 과정에서 교수는 연구를 수행할 수 있는 연구비를 조달하고, 연구의 방향을 제시하며, 중간중간 실험 결과를 연구원들과 논의하고 해석한다. 논문을 쓸 때는 대학원생이나 박사후 연구원이 초고를 써서 제1 저자가 되지만, 교신 저자는 대부분 교수가 맡는다. 그 논문에 책임을 진다는 말이다. 최근에는 제1 저자도 여러 명, 교신 저자도 다수인 논문이 늘고 있다(그렇다고 해당 논문에 대한 기여도가 같다는 의미는 아니다. 사실 그럴 수도 없다). 상황이 이렇다 보니, '어떤 연구가 누구의 것이다'라고 쉽게 말할 수가 없다. 물론 논문의 저자로 올라가는지 여부나 나열 순서를 정할 때, 혹은 특허에서 공헌도를 정하는 규정 자체는 있다. 하지만 세상일이 다 그렇듯 그게 늘 명확하지가 않다. 아니 사실은 명확하지 않은 경우가 대부분이다.

샤츠의 경우에는 좀 다르긴 하다. 연구 아이디어를 도출하고, 실험을 진행하는 과정에서 누구의 말을 어느 정도나 받아들여야 할지 논란이 있긴 하지만, 그것보다는 지도 교수가 연구 성과를 독차지하는 것이 정당한가에 대한 문제 제기가 훨씬 더 많다. 만약 그들의 연구가 엄청난 부를 가져오고, 또 최고의 상으로 연결되지 않았다면 별 소란이 벌어지지 않았을 수 있다. 왁스먼이 그렇게 언론 플레이를 통해서 자신을 선전하지도 않았을 것이며, 샤츠도 억울하다고 호소하지 않았을 것이다. 스트렙토마이신과 관련한 샤츠와 왁스먼의 이야기를 추적하여《열한 번째 실험》이라는 논픽션을 쓴 피터 프링글은 노벨상 수상자 선정의 원칙에도 문제가 있다고 지적한다. 현대의 과학은 예전보다 훨씬 복잡하고, 훨씬 많은 사람이 관련되어 있지만, 노벨상 수상자는 여전히 분야마다 3명으로 제한되어 있다. 그러다 보니 연구의 결과를 표상하는 논문에서 대표적인 인물, 즉 교신 저자만 보게 되는 현상을 낳았다는 것이다. 이로 인해 영예의 배분에서 잘못된 결과가 종종 나온다고 지적한다.

그러나 그것은 노벨상이라는 가장 영예로운 상에만 해당하는 문제는 아니란 점에서 근본적인 문제이면서 동시에 기술적인 문제다. 그 연구의 결과가 어떤 파급력을 갖든, 커다란 상이 주어지든 주어지지 않든, 금전적 혜택이 크든 작든, 연구의 성과를 둘러싼 논란은 줄어들지 않는 것도 사실이다. 누구나 인정하는 해답은 아마도 없을 것이다. 그런데 이런 상황을 점점 알수록 샤츠의 손을 번쩍 들어, 왁스먼을 교활하고 탐욕스러운 인물이라 판정하고, 그에게 돌아갔던 돈과 영광이 샤츠에게 모두 돌아갔어야 한다고 주장하기는 뭔가 망설여진다. 다만 아무리 왁스먼이 노벨상을 받을 자격이 충분했다 하더라도, 연구에 혼신의 힘을 쏟은 연구원이나 대학원생의 성과를 송두리째 빼앗는, 그런 지도 교수였다는 점은 무슨 말로 포장을 해도 씁쓸하기만 하다. 어쩌면 내가 지금 왁스먼과 같은 위치여서 그런지도 모르겠다. 다만 이런 변명은 어떨까 싶다. 대학원생일 때나 박사후 연구원일 때는 내가 하는 연구가 지도 교수의 몫이 크다고 생각했고, 교수가 된 이후에는 대학원생들에게 이건 '내' 연구가 아니라 '네' 연구라고 자주 강조한다. 물론 그런 말을 잘 지키고 있는지 가슴에 손을 얹고 생각해 보면 늘 자신이 있는 건 아니지만 말이다. 제도적인 것도 필요하다. 하지만 그보다 더 필요한 것은 교수와 제자 간의 신의가 아닐까 싶다. 되돌아보게 된다.

흙에서
찾아내다

7장

생태학이 찾은
항생제

테트라사이클린, 그라미시딘

벤저민 더거, 게오르기 가우제, 르네 뒤보스

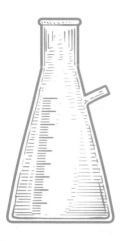

1986년, 소련의 모스크바

소련의 신항생제 연구소(현재는 러시아의 가우제 신항생제 연구소) 소장이던 게오르기 가우제가 1986년 75세의 나이에 심장병으로 사망했다. 아내이자 동료인 마리아 브라츠니코바는 한 과학 잡지에 남편의 부고를 썼는데, 기사의 마지막은 이렇다.

그는 자신의 생활과 연구 결과에 대해 기대 수준이 높았습니다. 그는 겸손했고, 쇼맨십과 광고를 못 견뎌 했고, 모든 사람에게 민주적으로 대했으며, 다른 사람들이 무엇을 필요로 하는지 알려고 노력했습니다.

동료와 친구는 물론 함께 일했던 연구자들 모두 게오르기 프란체비치 가우제를 그리워할 겁니다.

그의 이름은 과학사에 길이 남을 것이고, 그의 모습은 그를 알고 함께 일했던 모두의 가슴에 살아 있을 겁니다.

이 장에서 다루는 인물은 다른 장에서 다루는 인물과는 성격이 좀 다르다. 1940년대부터 1950년대 사이에 항생제 개발에 공을 세운 인물은 맞지만, 해당 항생제를 개발하는 데 보조적 위치에 있던 인물도 아니고, 동료들보다 덜 인정받은 사람도 아니다. 부당한 대우를 받았다고도 볼 수 없다. 항생제 개발에서 주도적인 역할을 했던 사람들이고, 또 그만큼의 인정도 받았다고 볼 수 있다. 그럼에도 이렇게 소개하는 이유는 그들 역시 항생제의 역사에서 잘 거론되지 않는 인물들이기 때문이다.

한 사람은 식물학 연구로 쌓은 화려한 경력을 뒤로 하고 일흔이 넘은 나이에 항생제 연구에 뛰어들어 지금도 많이 처방되는 유명한 항생제를 개발했고, 다른 한 사람은 일찍이 생태학의 핵심적인 개념을 선명한 이론으로 개발하는 놀라운 업적을 남겼고, 이후에는 초기 항생제 개발의 중심지였던 서유럽이나 미국이 아닌 소련에서 항생제 연구에 새로운 이정표를 세웠다. 그리고 마지막 인물은 앞의 두 사람과 달리 젊었을 때는 항생제 연구를 해서 새로운 항생제를 개발했지만, 나이가 들어서는 지구 생태계에 대한 관심으로 적극적인 활동을 펼쳐 많은 사람들에게 환경을 새롭게 인식할 수 있는 계기를 만들어 주었다.

광범위하게 쓰이면서도 부작용이 적은

테트라사이클린은 의료 현장에서 굉장히 많이 처방되는 항생제다. 테트라사이클린은 말 그대로 4개tetra의 고리cycline로 이루어져 있다. 이 구조를 테트라센tetracene이라고 하는데, 벤젠 고리 4개가 서로 붙어 있다고 보면 된다. 이 테트라센에 여러 작용기가 붙어 있는 것이 테트라사이클린이라고 하는 항생제다.

테트라사이클린도 아미노글리코사이드처럼 세균의 단백질 합성을 방해하는 항생제다. 단백질이 만들어지려면 리보솜에서 유전정보에 따라 아미노산이 서로 연결되어야 하는데, 이 과정에서 아미노산이 붙어 있는 tRNA(이를 보통 '충전된 tRNA(charged tRNA)'라고 한다)가 리보솜의 A 위치에 결합해야 한다. 그런데 테트라사이클린은 mRNA와 리보솜의 소단위체(30S) 사이에 결합해 충전된 tRNA가 리보솜의 A 위치에 접근하는 것을 막아 버린다. 일반적인 그람 양성균, 그람 음성균 모두에 효과적인 것은 물론 세포 내에서 살아가는 클라미디아나 미코플라즈마, 리케차와 같은 세균에도 효과적이며, 말라리아와 같은 원생생물의 감염 치료에도 쓰인다. 상대적으로 부작용이 적어 널리 사용되는 항생제다.

테트라사이클린 계열의 항생제로 가장 먼저 발견된 것은 1945년에 스트렙토미세스 오레오파시엔스*Streptomyces aureofaciens*

테트라사이클린의 구조. 벤젠 고리 4개가 붙은 테트라센이 뼈대를 이루고 있다

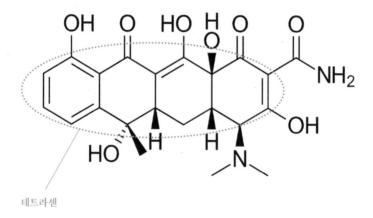

테트라센

라는 방선균에서 추출하여 물질의 색깔인 황금색aureo에 따라 이름을 붙인 오레오마이신aureomycin이다. 이 항생제는 나중에 클로르테트라사이클린chlortetracycline이라고 불리게 되는데, 이 물질에서 염소를 제거한 것이 바로 테트라사이클린이다. 테트라사이클린은 미노사이클린을 거쳐 2005년 글리실사이클린 계열의 항생제인 티지사이클린tigecycline[i]으로 이어진다.

현대에 들어와 테트라사이클린에 대해 알게 된 것은 1948년이 그 기점이지만, 사실 이 항생제는 예전부터 써왔던 것으로 여겨지고 있다. 우선 아프리카 북동부 지역에서 테트라사이클린에 해당하는 물질을 써왔다는 화석과 유물이 발견된 것이다. 테트라사이클린은 칼슘 친화력이 커서 수산화인회석이 미네랄화 될 때 뼈에 흡수된다. 뼈에 흡수된 테트라사이클린은 자외선을 쬐면 확인할 수 있는데, 기원후 350년에서 550년 사이에 수단 북동부 누비아 지역에서 만들어진 것으로 추정되는 미라의 뼈에서 테트라사이클린에 표지했을 때와 같은 형광 패턴이 나타났다. 당시에 만들어 먹던 맥주가 뼈에서 발견되는 테트라사이클린의 원천이라고 추정하고 있다.[ii] 테트라사이클린을 치료 목적으로 써왔다는 직접적 증거

---

i 이 항생제는 이른바 항생제 공백 시대(1980~2000년) 이후에 개발된 항생제다. 재미있는 것은 이 항생제의 이름을 발음하는 방식이 여러 가지라는 점인데, 본문에 쓴 대로 티지사이클린으로도 읽고, 티게사이클린이라고도 읽는다. 그리고 어떤 사람은 (특히 이 항생제를 개발하고 판매하는 회사에서는) 타이거사이클린이라고 부른다. 이 항생제의 광고에는 호랑이(tiger)가 등장한다.

는 아니지만, 이 물질을 이용해 혜택을 봤다는 간접적 증거는 충분한 셈이다.

73살에 이룬 인생 최고의 업적

오레오마이신, 즉 클로르테트라사이클린을 처음 발견한 사람은 레데를 연구소Lederle Laboratoriesiii에서 일하던 벤저민 더거Benjamin Minge Duggar, 1872~1956다. 그는 항생제 개발에 참여한 다른 연구자와 달리 미생물학자나 화학자가 아니라 식물학자였다. 미국 앨라배마주 갤리온에서 태어난 더거는 여러 대학을 다녔다. 열다섯 살 생일이 되기 전에 앨라배마 대학에 입학할 정도로 똑똑했는데, 농학에 관심을 갖게 되면서 2년 후에는 미시시피 농기계 대학(현재 미시시피 주립대학)으로 옮겼지만, 학사 학위는 앨라배마 폴리테크닉 연구소(현재 오번 대학Auburn University)에서 받았고, 하버드 대학을 거쳐 1898년 코넬 대학에서 박사 학위를 취득했다. 이

ii Nelson ML et al. "Mass spectroscopic characterization of tetracycline in the skeletal remains of an ancient population from Sudanese Nubia 350–550 CE" *Am. J. Phy. Anthropol.* 2010;143(1):151-154.

iii 아메리칸사이나미드(American Cyanamid)의 제약부서 중 하나였다. 아메리칸사이나미드는 여러 차례 합병을 거쳐, 현재 화이자에 인수 통합되었다.

후에는 독일, 이탈리아, 프랑스 등지의 저명한 학자를 찾아다니며 공부했다. 미국으로 돌아온 후에는 미국 농무부 식물산업국의 식물 생리학자로 있으면서 면화의 질병과 버섯 재배를 연구했다. 농무부 고문의 직위를 유지하면서 1902년부터 1907년까지는 미주리 대학의 식물학 교수로 있었고, 이후에는 코넬 대학의 식물 생리학 교수로 있으면서 학과장을 역임하기도 했다. 1912년에서 1914년까지 미국식물학회 부회장을 지냈고, 그후에는 워싱턴 대학의 의과대학에서 생화학 교수를 지내기도 했다. 이렇게 식물학자로 오랜 기간 활동했고 또 높은 지위까지 올라갔지만 그가 기억되고 있는 건 1940년대 그의 나이 일흔에 주말농장의 토양에서 분리한 항생제 클로르테트라사이클린을 발견한 업적 덕분이다.

더거는 식물학 분야의 공헌으로 1943년에는 위스콘신 대학의 명예교수가 되었고, 제2차 세계 대전 중에는 국가경제위원회에서 자문 역할을 맡기도 했다. 당시는 전쟁 중이라 강제 은퇴 규정이 있었지만, 그는 육체적으로나 정신적으로나 은퇴하기에는 멀쩡했고, 은퇴할 생각도 전혀 없었다. 자신이 일할 자리를 찾아 다녔고, 1944년에 뉴욕주 펄리버의 아메리칸사이나미드 레데를 연구소에서 균류의 연구와 생산 관련하여 자문을 제공하는 컨설턴트로 일하게 되었다.

그에게 처음으로 맡겨진 일은 항말라리아제를 만들 식물 원료를 찾는 것이었다. 그때는 '기적의 약' 페니실린이 빠르게 사용되기 시작하고, 스트렙토마이신이 출시된 시점이었다. 더거는 항생제가 이제 막 걸음마를 떼기 시작한 상황이라는 걸 재빨리 깨달았다. 그는 아메리칸사이나미드의 회장에게 "잡힌 것보다 더 좋은 물고기가 바다에 많이 있다"라며, 토양에는 아직 밝혀지지 않은 수천 종의 세균과 곰팡이가 있고 그것들이 더 좋은 항생제를 만들어 낼 것이라고 설득했다. 더거의 위스콘신 대학 후배 교수였던 존 위커는 그에 대한 회고에서 아메리칸사이나미드 회장과 더거의 대화를 이렇게 소개하고 있다.

"당신이 이 일을 맡아 줄 수 있나요?"
"네."
"연구원은 몇 명이나 필요한가요?"
"전혀요. 이미 제게 있는 여성 연구원 두 명만 있으면 됩니다."
"얼마나 빨리 시작할 수 있나요?"
"내일부터 가능합니다."

그는 이런 대화가 오가기 이전부터 이미 항생제를 생산하는 균류를 찾기 위해 여행 중에 들른 모든 곳에서 흙을 채집하고 있었고, 또 연구원들에게 방선균을 찾는 훈련을 시키고 있었다. 그는 체계적으로 검색하기 시작했다. 수천 개의 토양 샘플을 수집해서 정리하고 분석했다. 그는 항생제 분야에는 초보자였을지 몰라도, 균류와 식물 생리학 분야에서는 이미 50년 동안 연구를 한 경험이 있었다. 이때의 경험과 지식 덕분에 명확하게 목표를 설정하

벤저민 더거는 대학을 은퇴하고도 연구를 계속했다.
그는 73살에 첫 번째 테트라사이클린 항생제인
오레오마이신(클로로테트라사이클린)을 개발했다.

고 집중할 수 있었다. 그와 그의 연구원들은 단 몇 달 만에 항생제를 생산하는 미생물을 상당히 많이 수집했고, 이를 분석해서 목록까지 만들었다. 하지만 효과가 있으면서도 안전하고 산업적으로도 유용한 약을 만들려면 찾고 분석하는 것 이상이 필요하다. 수십 명의 연구원(성공 가능성이 보이면서 당연히 연구원이 증원되었다)이 실험실과 공장에서 생화학과 생리학 테스트를 거듭 했다. 이 과정에서 더거의 리더십이 빛을 발했다. 결국 3년 만에 스트렙토미세스 오레오파시엔스가 노다지의 원천이라는 것을 찾아냈고, 이 방선균의 대사물인 황금 빛깔의 오레오마이신을 분리해낼 수 있었다. 그리고는 이 새로운 항생제를 생산 라인에 올렸다. 회사는 이 항생제로 첫 해에만 2000만 달러의 매출을 올렸다.

그는 1956년 9월에 세상을 떠났는데, 항생제 개발은 더거의 70년의 과학 연구 활동에서 마지막 업적이었을 뿐 아니라, 가장 큰 업적이었다. 그보다 오래, 그보다 더 많은 생물학 분야에서 연구를 한 이는 아마도 거의 없을 듯싶다.

소련의 항생제, 그라미시딘-S

그라미시딘-S gramicidin-S에서 'S'는 '소비에트Soviet'를 뜻한다. 소비에트 연방, 즉 소련에서 나온 항생제란 얘기다. 그라미시딘-S는 1942년 소련의 미생물학자 게오르기 가우제Georgyi Frantsevitch Gause, 1910~1986와 마리아 브라츠니코바가 브레비바실러스 브레비스Brevibacillus brevis에서 발견했다. 가우제와 브라츠니코바는 부부다.

그라미시딘이라는 항생제가 처음 등장한 것은 1939년으로 가우제와 브라츠니코바가 그라미시딘-S를 찾아내기 3년 전이었다. 프랑스계 미국 과학자 르네 뒤보스René Jules Dubos, 1901~1982가 브레비바실러스 브레비스에서 추출해서 그라미시딘-D라는 이름을 붙였다. 여기서 'D'는 자신의 성Dubos의 앞글자였다.

다만 그라미시딘-D는 단일 물질이 아니고, 그라미시딘-A, B, C의 3개 물질이 각각 80퍼센트, 5퍼센트, 15퍼센트가 섞인 혼합물이다. 또 각각 2개의 이성질체가 존재해 총 6개의 서로 다른 형태가 그라미시딘-D에 들어 있다. 이 그라미시딘-D는 15개의 아미노산이 선형으로 연결된(따라서 기본적으로 펩타이드다) 베타-나선 구조인데, 세균의 인지질에 박혀서는 구멍을 만들어 세포 안팎의 이온이 마구 들락거릴 수 있게 만들어 세균을 죽이는, 이른바 이온투과성 항생제ionophoric antibiotics다.

가우제와 브라츠니코바가 찾아낸 그라미시딘-S는 그라미시딘-D와 이름은 비슷하지만 그 구조가 달랐다. 그라미시딘-D가 아미노산이 일렬로 연결된 선형의 펩타이드라면, 그라미시딘-S는 고리 구조였다. 그라미시딘-S는 10개의 아미노산으로 구성되어 있었는데, 배열 순서가 같은 5개의 아미노산으로 구성된 펩타이드

2개가 서로 반대 방향으로 꼬리를 물고 연결되어 고리를 만들고 있었다. 여기에 소수성 아미노산인 D형 페닐알라닌, 발린, 류신이 한쪽에 있고, 친수성인 오르니틴이 다른 쪽에 자리 잡고 있어, 양쪽친매성amphiphilic을 띠고 있다. 이런 물질은 세포막에 결합할 수 있어 세균의 인지질막을 손상시킨다. 이렇게 세포막의 투과성이 높아지면 막 안팎의 이온 기울기를 유지할 수 없어 세포가 파괴된다. 그라미시딘-S는 그람 양성균과 그람 음성균 모두에 효과가 있고, 일부 진균(곰팡이)에도 효과를 나타냈다. 이렇게 세포막에 작용하는 펩타이드 형태의 항생제로 대표적인 것이 콜리스틴과 댑토마이신이다.

그라미시딘-S는 개발되자마자 소련군 병원에서 세균 감염 치료에 사용되어 많은 사람을 살렸다. 실제로 페니실린 다음으로 임상에서 널리 사용된 두 번째 항생제다. 1944년에는 소련의 보건부가 국제적십자사를 통해 영국으로 보내기도 했다. 정확한 구조를 알아내기 위한 공동 연구 차원이었는데, 당시만 하더라도 영국과 소련은 연합국의 일원으로 독일에 맞서 함께 싸우고 있었다. 그라미시딘-S가 새로운 항생제이며 폴리펩타이드 구조라는 것을 분배크로마토그래피partition chromatography로 알아낸 사람은 영국의 화학자 리처드 싱이었다. 그는 크로마토그래피법에 대한 업적을 인정받아 1952년 아처 마틴과 공동으로 노벨 화학상을 받았다. 이 구조를 최종적으로 확인한 사람은 1964년에 노벨 화학상을 수상한 도러시 호지킨이었다. 에드워드 에이브러햄에 관한 이야기를 하면

그라미시딘-S의 구조. '발린(Val)-오르니틴(Orn)-류신(Leu)
-D형 페닐알라닌(D-Phe)-프롤린(Pro)'의 5개 아미노산으로 연결된 2개의 펩타이드가
서로 반대 방향으로 꼬리를 물고 연결되어 고리 모양을 이룬다

서 잠깐 옆길로 새서 호지킨과 마거릿 대처 전 영국 총리의 관계에 대해 썼는데, 대처가 마거릿 로버츠이던 시절 연구한 물질이 바로 소련에서 보내온 물질 그라미시딘-S였다.

하지만 그라미시딘-S는 결정적인 단점이 있다. 아주 적은 양을 쓰더라도 용혈 현상이 일어난다는 점이다. 세균만 죽이는 게 아니라 사람의 적혈구도 파괴해 버리는 것이다. 그래서 지금은 경구용이나 주사제로 사용하지는 못하고 피부에 바르는 연고로만 사용되고 있다.

생태학 연구에서 항생제 개발로

독일 예나 대학의 나탈리아 코다쉬와 마르틴 피셔는 가우제라는 이름이 들어간 문헌을 보면, '가우제'라는 하나의 이름으로 두 명의 서로 다른 과학자가 활동했던 것 같다고 말한다. 한 명은 생태학자이면서 진화학자로, 다른 한 사람은 항생제 연구자로 말이다. 생태학 연구와 항생제 개발은 분야가 완전히 달라, 마치 이름만 같은 두 사람이 동시에 활동한 게 아니냐는 의미였다. 하지만 그 두 사람은 같은 사람이었다.

게오르기 가우제는 1910년 러시아의 모스크바에서 태어났다. 아버지가 모스크바 건축 학교의 교수로 활동하며 많은 건물을 짓는 데 도움을 주어서 그가 어릴 때 러시아 남부의 캅카스산맥으로 몇 달씩 여름 휴가를 갈 수 있었다. 그는 그곳에서 시베리아 메뚜기와 같은 다양한 생물의 행동과 생활사를 기록하기도 했다고 한다. 그가 자연을 좋아하게 된 계기가 여기서 비롯되었고, 그는 동물학, 특히 동물 다양성에 관심을 갖게 되었다.

가우제는 1927년 모스크바 대학의 생물학과에 입학했다. 당시 소련의 대학 시스템은 모든 대학생이나 대학원생에게 지도 교수가 있어야 했는데, 그는 지도 교수로 모스크바 대학 동물박물관의 블라디미르 알파토프를 선택했다. 1920년대 중반 알파토프는 S자형 성장 곡선, 혹은 로지스틱 곡선을 자주 활용한 미국의 생태학자 레이먼드 펄의 연구에 깊은 인상을 받고 있었다. 알파토프의 영향을 받은 가우제는 이미 대학생 시절부터 특정 생태적 요인이 개체군에 어떤 영향을 미치는지를 알아내는 데 현장 연구는 변수가 너무 많아 적절하게 설명할 수 없기 때문에 변수를 제어할 수 있게 단순화한 실험실 환경에서만 가능하다고 주장하고 이에 관한 실험을 하고 있었다. 알파토프는 펄에게 연락해서 자신의 학생을 받아줄 수 없는지 부탁했다. 가우제는 록펠러 재단을 통해 장학금을 신청했지만 거절당하는데, 아마도 나이가 22살에 불과하다는 게 주요한 이유였을 것으로 추정된다. 그는 1934년 《생존 투쟁 The Struggle for Existence》이라는 책을 미국에서 출판해 장학금을 다시 신청했지만 역시 거절당했다. 하지만 《생존 투쟁》은 미국에서 여러 판을 거듭하며 이 분야의 고전이 되었고, 프랑스어와 일본어로도 번역되었다. 알파토프가 미국에 머무는 동안에는 에브게니 스미르노프의 지도를 받는데, 그는 생물시스템학에 통계학을 적용하는 데 관심이 있었고, 이를 적극적으로 활용할 것을 가우제에게 요구했다. 1931년 모스크바 대학을 졸업한 이후에는 모스크바 대학 동물학 연구소에 있는 알파토프의 실험실에서 일했다. 1936년에 "혼합된 개체군의 역학에 관한 연구"라는 제목의 논문으로 박사 학위를 받았다.

이렇듯 가우제의 과학자로서 초기 이력은 생태학에서 이뤄졌다. 그는 지금까지도 생태학의 주요한 이론적 토대를 제공하고 있는 '경쟁 배타 원리competitive exclusion principle'를 처음 제안했다. 그가 1932년에 발표한 경쟁 배타 원리란, 생태적 지위가 동일한 개체군은 같은 장소에서 계속 공존할 수 없다는 말이다. 생태적 지위가 겹치는 서로 다른 종의 개체군이 한 서식지에 함께 있게 되면 개체군 사이에 장소와 먹이 등을 두고 경쟁이 일어난다. 결국 약간이라도 경쟁에서 유리한 개체군만 살아남고, 다른 개체군은 사라지고 만다는 것인데, 대표적으로 소개되는 예가 짚신벌레에 속하는 두 개의 종 아우렐리아와 카우타툼이다. 이 두 종은 각각 따로 배양하면 두 종 모두 잘 살지만, 혼합 배양하면 카우타툼은 경쟁에 져서 점차 개체수가 감소하다 결국 모두 죽고, 아우렐리아만 살아남게 된다. 가우제는 섬모충류에 속하는 파라메시움Paramecium과 디디니움Didinium을 이용한 실험에서 개체수의 주기적인 변화를 확인했고, 자신의 이론에 정합하는 결과를 얻어냈다.

경쟁 배타에 관한 실험. 짚신벌레의 두 종 아우렐리아와 카우타툼을 각각 배양했을 때는 둘 다 잘 자라지만, 둘을 혼합 배양하면 아우렐리아는 잘 자라지만 카우타툼은 경쟁에 져서 사라져 버린다.

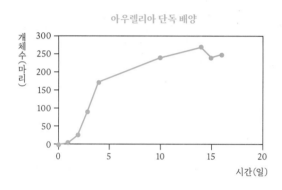

아우렐리아 단독 배양

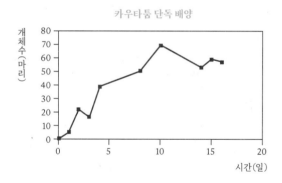

카우타툼 단독 배양

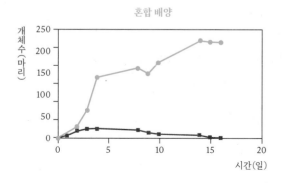

혼합 배양

1940년 가우제는 "생태학과 종의 기원에 관한 몇 가지 문제"라는 제목의 책monograph을 준비했지만 제2차 세계 대전이 발발하면서 출판하지 못했다. 나중에 미국에서 축약판으로 나왔고, 1984년에 러시아어로 출판되었다.

가우제가 항생제와 관련한 연구를 시작한 것은 1939년이었다. 이렇게 연구 주제를 급격하게 바꾼 것이 난데없어 보이기도 하지만, 이 모든 것은 그간 해왔던 자신의 연구와 나름 일관된 연속 선상에 있는 것이었다. 그는 이렇게 썼다.

"항생제에 관한 나의 연구는 이전에 내가 수행했던 생존 투쟁과 자연 선택에 관한 연구의 논리적인 진전이었다. 항생제는 자원 경쟁에서 미생물을 보호하는 중요한 생태학적 역할을 한다."

그는 미생물의 항균 작용 자체를 그의 관심사였던 생물들 사이의 '생존 투쟁'으로 여겼던 것이다. 그는 우선 다양한 광학 이성 질체가 미생물에 미치는 영향을 살펴 봤다. 이런 물질에는 소독제도 있었고 독약도 있었다. 이 연구는 1940년에《광학 활성과 살아 있는 물질Optical Activity and the Living Matter》로 미국에서 출간했다. 이런 연구를 통해 미생물 사이의 생존 투쟁 메커니즘 연구로 이어 졌고, 이는 곧 항생제 연구의 서막이었다.

1942년부터는 말라리아 연구소 내의 항생제 실험실과 협력하기 시작했다. 그곳에는 의학 박사 학위를 갖고 있던 그의 아내 마리아 브라츠니코바가 있었다. 바로 그해에 가우제와 브라츠니코바는 토양에서 황색포도상구균의 생장을 억제하는 세균을 찾아냈다.

바로 브레비바실러스 브레비스(*Brevibacillus brevis*, 당시에는 *Bacillus brevis*라는 학명이었다)였다. 가우제는 이 세균에서 항생물질을 분리하고 그라미시딘-S라는 이름을 붙였다. 이 발견으로 그는 스탈린상을 받았고, 1946년에는 모스크바 신항생제 연구소의 소장이 되었다. 연구소장으로 있으면서 그는 그라미시딘-S 외에 항생물질을 만들어 내는 균주를 여럿 찾아냈고, 이를 통해 소련의 항생제 산업의 기초를 닦았다. 그는 모노마이신, 니오마이신, 알보마이신, 리스토마이신, 린코마이신, 카나마이신, 겔리오마이신 등의 항생제를 찾아내거나 산업적 규모로 개발하는데 직간접적으로 관여했다.

가우제는 새로운 항생제를 찾아내는 이론적 기반을 연구하여 임상에 적용하는 것과 성공적으로 결합했다고 평가받고 있다. 그는 독창적인 생태지리적 접근법을 개발하여 항생제를 생산하는 균주를 찾았는데, 이 방법은 균주들의 지리적 분포를 가이드라인으로 삼아 항생제를 생산하는 균주를 검색하는 것이었다. 또한 가우제는 다른 연구자들과 함께 방선균의 분류 체계를 제안했는데, 항생제의 보고였던 방선균의 하위 분류군에 대한 분류와 설명은 새로운 항생제를 찾는 데 큰 도움이 되었다. 또한 항암 항생제 antitumor antibiotics 개발의 선구자로서, 이에 관한 이론적 배경을 연구하고 실제 많은 항암 항생제 개발에 참여했다.

1940년대 소련은 리센코주의라는 유사 과학으로 몸살을 앓고 있었다. 잘못된 유전학을 정치적으로 밀어 붙인 트로핌 리센코의 주장에 조금이라도 다른 얘기를 하는 과학자들은 숙청되었고, 심지어 사형까지 당했다. 가우제가 생태학 이론을 연구하다가 항생제 개발이라는 실천적 연구로 돌아선 이유 중 하나로 스탈린과 리센코를 지목하기도 한다. 물론 그가 자발적으로 국가와 사회에 도움이 되는 실질적 연구를 선택했을 수도 있다. 그 덕분인지는 분명치 않지만, 항생제 개발로 연구 주제를 전환한 후 가우제는 정치의 영향을 거의 받지 않았다. 그리미시딘-S를 비롯한 항생제 연구가 너무도 중요했기 때문으로 여겨진다. 그래도 그라미시딘-S를 영국으로 보낸 것 때문에 영국 간첩으로 고발당하기도 했다. 1986년 5월 그가 세상을 떠날 무렵 그리미시딘-S는 소련에서 가장 많이 생산되는 항생제였다.

항생제 개발에서 생태 운동으로

그라미시딘-S를 개발한 가우제가 생태학을 연구하다 항생제 개발로 들어섰다면, 그라미시딘-D를 발견한 르네 뒤보스는 그와 반대로 미생물학자로 항생제를 연구하다 생태 운동에 헌신해 큰 발자취를 남겼다. 그는 더거나 가우제만큼이나 다방면에서 활동한 흥미로운 인물이다.

르네 뒤보스는 프랑스에서 태어났지만 미국에서 활동한 미생물학이자 실험 병리학자다. 그는 환경주의자였으며 휴머니스트였

게오르기 기우제(왼쪽)와 르네 뒤보스

다. 그가 1968년에 내놓은 《인간이라는 동물So Human An Animal》은 병들어 가는 지구에 대한 안타까움과 그렇게 만든 인간에 대한 분노, 그리고 생태계의 일원으로 함께 살기 위해서는 '동물로서의 인간'이라는 가치를 회복해야 한다는 애정어린 메시지를 담고 있다. 이 책은 큰 반향을 불러일으켰고, 이듬해 퓰리처상을 수상했다. 그는 그라미시딘-D를 발견한 미생물학자로도 잘 알려져 있지만, 그가 만든 한마디 슬로건은 그의 이름보다 훨씬 더 유명하다.

"세계적으로 생각하고, 지역적으로 행동하라"

망가져 가는 지구를 되살릴 수 있는 길은 바로 지금 이곳에서 행동하고 실천해야 한다는 절절하고 긴급한 호소였다. 그는 항생제가 본격적으로 사용되기도 전인 1942년 이미 항생제 내성의 출현을 경고하기도 했다.

뒤보스는 1921년 파리의 국립 농업 연구소를 졸업하고, 미국으로 건너가 럿거스 대학에서 박사 학위를 받았다. 뒤보스의 과학경력 대부분은 나중에 록펠러 대학교가 된 록펠러 의학연구소에서 이뤄졌는데, 그가 미생물학 분야에서 경력을 쌓기 시작한 곳도 바로 이곳이었다. 록펠러 의학연구소에는 폐렴구균의 형질전환 실험을 통해 DNA가 유전 물질이라는 것을 입증한 오즈월드 에이버리의 실험실이 있었다. 뒤보스는 박사 학위를 받은 1927년부터 이곳에서 폐렴구균과 같은 치명적인 병원균의 독성 인자인 다당류 캡

슐을 분해하는 물질을 찾기 시작했다. 그는 다당류 분해효소가 있는 세균인 브레비바실러스 브레비스Brevibacillus brevis를 찾아냈고, 1939년에는 연구소의 생화학자 롤린 호치키스의 도움으로 이 세균에서 항균 작용을 하는 티로트리신과 그라미시딘을 추출해 냈다. 비록 사람에게 독성이 강해 임상에는 사용할 수 없었지만, 항생제에 대한 그의 선구적인 연구는 스트렙토마이신을 발견한 왁스먼에게 큰 영향을 주었다.

항생제에 관한 연구 외에도 후천성 면역, 결핵, 위장에 존재하는 세균 등을 연구한 뒤보스의 관심은 말년에 자연환경에 대한 인간의 관계로 옮겨갔다.

앞에서도 언급했듯이 "세계적으로 생각하고, 지역적으로 행동하라"라는 격언의 주인공인데, 이 말은 전 지구적 환경 문제에 대한 행동은 지역 환경의 생태적, 경제적, 문화적 차이를 고려해야만 이뤄질 수 있다는 의미로, 1972년 뒤보스가 UN 인간 환경 회의에서 활동한 지 5년 후에 내놓은 말이다. 그는 생태적 인식이 가정에서 시작되어야 한다고 했으며, 자연과 사회의 단위가 자신의 정체성을 유지하거나 되찾으면서 서로 풍부하게 교류하는 가운데 상호 작용하는 세계 질서를 만들어낼 것을 촉구했다.

큰 업적과 낯선 이름 사이의 거리

이 장에서 소개한 세 사람은 항생제 발견으로 혹은 다른 연구로 큰 영광을 얻었지만, 일반인에게는 모두 낯선 과학자들이다. 한 사람은 은퇴 후 일흔이 넘은 나이에 낯선 분야에 뛰어들어 수명이 길고 많은 파생 물질을 낳은 항생제를 개발해 냈고, 또 한 인물은 생태학에서 중요한 이론을 만들어 냈으면서 사회와 국가의 요구에 맞춰 항생제를 개발하는 임무를 수행해 냈다. 그리고 짧게 소개한 마지막 인물은 항생제 개발로 명성을 얻은 후 환경 문제에 관심을 갖고 많은 활동을 한 사람이다.

20세기 중반에 항생제 개발은 전공 분야를 막론하고 뛰어들 만큼 인기 많고 매력적인 영역이었다. 물론 국가적으로도 많은 지원이 있었고, 개발에 뛰어들어 성공한 제약회사와 연구원들은 큰 돈을 벌고 명예도 얻을 수 있었다. 이 장에서 살펴본 과학자들은 자연에 존재하는 수많은 미생물과 인간의 관계를 폭넓게 살필 수 있는 생태학적 배경을 항생제 개발에 충분히 활용했다.

또한 한 가지 영역이 아닌 다양한 분야의 관심과 경험이 새로운 항생제를 찾을 수 있는 강력한 촉매가 될 수 있다는 것을 확인시켜 준 사람들이라고도 할 수 있다. 고유의 전문성은 물론이고, 이제는 폭넓은 시야와 여러 분야에 걸친 긴밀한 협력이 항생제 개발의 필수 요소가 된 것이다.

　이렇게 여러 분야가 얽히고 많은 사람들이 관여하면서, 일반인들에게 과학자는 더욱 낯선 사람이 되고 있다. 조직이 아니면 할 수 없는 일들이 많아지고, 시간과 인프라가 확보되지 않으면 끌고 갈 수 없는 연구가 대세가 되었다. 조직의 이름은 알아도 그 안의 사람을 일일이 알 수 없는 세상이고, 사람의 역량만큼이나 거대한 자본의 뒷받침이 없으면 연구를 할 수 없게 되었다. 커다란 과학적 업적과 대단한 기술의 산물이, 그걸 만들어 낸 사람의 이름은 상표 뒤로 빠르게 숨겨 버리는 그런 세상이 되어가고 있다.

8장

생물자원의
소유권

에리트로마이신, 반코마이신
아벨라르도 아귈라, 에드먼드 콘펠드

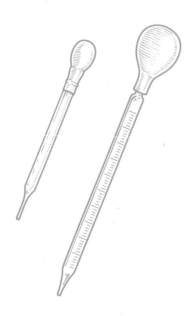

1993년, 필리핀

필리핀의 의사 아귈라는 죽음을 앞두고 있었다. 그는 몇 달 전 떨리는 손으로 다음과 같은 편지를 써서 세계적인 제약회사 일라이릴리에 보냈다.

제 과학적 지식과 희생이 없었다면 일라이릴리가 이 항생제를 제조할 수 없었을 것이기 때문에, 제가 항생제에 대한 로열티를 받는 것은 정당하다고 생각합니다. 저는 진심으로 일라이릴리에 5억 달러의 로열티를 요청합니다. 이 로열티는 수천 명의 가난하고 병든 필리핀 동포를 돕는 사업에 사용할 것입니다. 저는 그들을 위한 재단을 설립할 것입니다.

그가 편지에서 말한 항생제는 에리트로마이신erythromycin이었다. 그는 임종을 지켜본 딸 마리아 엘레나에게도 자신의 공을 인정받고 보상을 받아내는 싸움을 계속하라는 말을 남겼다.

커다란 고리를 가진 항생제

이 낯선 필리핀 의사가 말한 에리트로마이신은 어떤 항생제일까? 우선 그것부터 알아보자.

샤츠와 왁스먼이 발견한 스트렙토마이신은 스트렙토미세스라는 방선균에서 나왔다. 방선균은 곰팡이와 더불어 많은 항생제의 고향이다. 그중 대표적인 항생제가 하나는 스트렙토마이신과 같은 아미노글리코사이드 계열이고, 다른 하나가 마크로라이드 계열macrolides이다. 마크로라이드에는 대개 매크로사이클릭 락톤macrocyclic lactone이라는 고리 구조에 보통 2개의 당sugar이 붙어 있다. 여기서 '매크로사이클릭'이라는 것은 '고리-cycle가 크다 macro-'는 뜻으로, 최소 12개 이상의 원자로 이루어져 있다. 실제로 마크로라이드 계열은 이 고리가 14개 내지는 16개의 원자로 이루어져 있다(에리트로마이신은 14개다). 그런데 이런 매크로사이클릭 락톤을 기반으로 한 구조는 항생제에만 있는 것이 아니다. 장기 이식 후 면역 억제제로 쓰이는 타크로리무스나 시로리무스도 그런 구조이며, 진균(곰팡이) 감염 치료에 쓰는 항진균제인 암포테리신-B[i]도 구조적으로는 마크로라이드라고 할 수 있다.

---

i 보통은 항진균제 중 폴리엔 계열(polyenes)로 분류한다.

에리트로마이신의 구조

매크로사이클릭 락톤

마크로라이드 계열의 항생제도 아미노글리코사이드 계열 항생제와 마찬가지로 단백질 합성 단계를 막아 세균을 죽게 한다. 하지만 세부적인 사항은 좀 다른데, 아미노글리코사이드가 리보솜의 소단위체(30S 리보솜)에 결합한다면, 마크로라이드는 리보솜의 대단위체(50S 리보솜)에 결합하여 리보솜 안쪽의 펩타이드 이동을 방해하여 번역 과정이 제대로 이뤄지지 않게 한다. 이런 마크로라이드 계열의 항생제 중 대표적인 것이 바로 에리트로마이신이다. 1952년에 일라이릴리에서 개발한 항생제로, 이 항생제의 탄생에 불편한 역사가 담겨 있고, 인정과 보상을 받지 못하고 잊혀진 연구자가 있다. 바로 앞에 나온 필리핀의 아벨라르도 아컬라다.

사실 에리트로마이신이 나오기 전에 이미 마크로라이드 계열의 항생제로 피크로마이신pikromycin이 있었다. 1951년에 한스 브록만과 빌프리드 헨켈이 역시 방선균의 일종인 스트렙토미세스 베네주엘라Streptomyces venezuelae에서 추출하여 발표한 항생제였다. 'pikro'라는 말은 그리스어로 '쓴맛의'란 뜻인데, 아마도 이 항생제의 맛이 그렇다는 얘기일 것이다. 하지만 맛이 쓴 것은 둘째 치고, 가장 중요한 항생제로서 효능이 약했기 때문에 실제 의약품으로 개발되지는 못했다. 그래서 감염병 치료에 실제로 사용된 첫 번째 마크로라이드 계열의 항생제는 바로 에리트로마이신이다.

필리핀의 의사, 아귈라

에리트로마이신이라는 항생제를 발견하는 데 결정적인 역할을 한 사람이 바로 일라이릴리 필리핀 지사에서 근무하고 있던 아벨라르도 아귈라Abelardo Aguilar라는 의사였다. 그는 1948년 10월부터 일라이릴리에서 일하고 있었고, 1949년에는 필리핀에서 채취한 수천 개의 샘플을 미국에 있는 일라이릴리 본사로 보냈다. 거기에는 항생물질을 만들어 내는 방선균인 스트렙토미세스 에리트라에우스Streptomyces erythraeus[ii]가 들어 있는 토양이 포함되어 있었다. 일라이릴리의 연구팀은 아귈라가 보낸 흙에서 항생물질을 만들어 내는 방선균을 분리했고, 이 방선균에서 항생물질을 추출했다. 1953년 일반약명generic name으로는 에리트로마이신, 제품명으로는 흙이 채취된 필리핀의 일로일로Iloilo City의 지명을 따라 일로손Ilosone 혹은 일로티신Ilotycin이라는 이름을 붙여 특허를 획득하고 판매했다.

에리트로마이신은 처음에는 스트렙토미세스라는 방선균에서 추출했으나, 1981년에 화학적으로 합성하는 데 성공했다. 마크

[ii] 이 종의 이름에서 '에리트로마이신'이라는 이름이 나왔다. 나중에 *Saccharopolyspora erythraeae*로 이름이 바뀌었다.

아벨라르도 아길라

로라이드라는 이름도 이때 붙여졌다. 에리트로마이신은 호흡기 감염, 요로 감염, 피부 감염, 급성 골반복막염, 백일해, 매독, 임질, 디프테리아, 류마티즘열과 같이 많은 감염병을 치료할 수 있었으며, 다른 항생제보다 부작용도 적어 일라이릴리는 에리트로마이신으로 막대한 수익을 벌어들였다. 그런데 그 과정에서 큰 역할을 한 필리핀의 의사 아귈라는 완전히 잊혀졌다. 원래는 아귈라의 공을 인정한 본사의 상사가 그를 본사로 바로 부르기로 했는데, 이 상사가 일라이릴리를 떠나면서 그만 아귈라가 붕 떠버리고 잊혀진 것이었다. 이에 결국 아귈라는 미국으로 가는 것을 포기한다. 일라이릴리에서도 떠나고, 이후 개원해서 평생을 가난한 이들을 위해 자선 진료에 힘썼다고 한다. 그는 "가난한 사람들의 의사doctor of the poor"라고 불렸다.

당시 일라이릴리의 아시아 지역 책임자는 존 블레어였다. 그가 아귈라에게 토양 샘플을 요청한 것이었다. 그리고 1952년 6월 28일, 그가 일라이릴리의 모든 제약 영업 담당자에게 보낸 메모에는 "새로운 항생제 소스source of a new antibiotic"덕분이라고 말하고 있다. 아귈라는 1952년 7월 2일 블레어로부터 편지를 받았다.

"나는 필리핀과 전 세계의 동료들이 일로티신(에리트로마이신, 일라이 릴리) 개발에 필요한 토양 샘플을 제공해 주어서 (당신에게) 감사하고 있다고 확신합니다. 이 발견이 얼마나 중요한지는 판매량 증가를 예상해 수백만 달러가 소요될 티페카누 연구소를 건설

하는 것으로 입증되고 있습니다. 아직은 가시적이지 않지만 다른 개선 사항과 변화도 진행 중입니다. 이 변화의 끝에는 신약의 치료 효능으로 혜택을 보는 사람들이 있습니다. 당신의 나라는 이 발견 의 원천으로 알려지게 될 것입니다."

하지만 그러고는 아무런 소식이 없었다. 4년 후, 1956년 9월 16일 답답해진 아귈라는 일라이릴리의 사장인 유진 비슬리에게 다음과 같이 자신을 공식적으로 소개하는 편지를 보냈다.

"저는 지금까지 8년 동안 필리핀 공화국의 웨스턴 비사야스에 배치된 의료 대표자로서 일라이릴리와 성실하고 충실하게 일해 왔 다는 것을 알려드리게 되어 자랑스럽습니다."

그는 자신이 에리트로마이신 개발에 어떤 역할을 했는지와 블 레어로부터 받은 약속도 알렸다. 아귈라는 편지에서 자신에게 훌 륭한 기회를 준 회사에 고마움을 표하면서 자신이 원하는 것은 미 국 본사 방문이라고 밝혔다. 하지만 그에게는 휴가도, 일라이릴리 본사와 연구소가 있는 인디애나폴리스 여행도 허락되지 않았다.

거대 제약회사와의 싸움

일라이릴리는 에리트로마이신에서 많은 돈을 벌고 있었다. 아궐라는 자신에게도 항생제 개발에 적지 않은 지분이 있다고 생각했다. 에리트로마이신에서 나온 이익의 일부를 자신이 받아야 한다고 회사 측에 지속적으로 요구했다고 한다. 그는 자신이 돈을 받으면 자신이 개인적으로 쓰는 게 아니라, 자선 진료를 위해 쓰겠다고 했다. 하지만 회사 측은 끝까지 그의 요구를 받아들이지 않았다. 아궐라가 본사의 상사로부터 어떤 약속을 받았는지에 대한 기록이 하나도 남아 있지 않았고(회사는 그렇다고 했다), 심지어 그가 필리핀에서 에리트로마이신과 관련해서 무슨 일을 했는지에 대해서도 공식적인 기록이 없었으니 그의 주장이 받아들여지기란 쉽지 않았다. 아궐라는 자신의 공헌에 대해 로열티를 받기 위해 40년 동안 노력하다 1993년 76살의 나이로 사망했다. 그렇게 아궐라라는 이름은 에리트로마이신 발견과 개발의 역사에서 지워져 버렸다.

아궐라의 지분에 대한 보상 문제는 그가 죽은 후에야 필리핀 언론에서 중요하게 다뤄지면서 수면 위로 떠올랐다. 필리핀의 한 상원의원이 나서서 일라이릴리와 많은 의견을 교환했고, 일간지에서도 주요하게 다뤘다. 당시 필리핀에서는 '관세 및 무역에 관한 일반협정' 즉 GATT의 의회 비준이 큰 이슈였는데, 아궐라 사례는 이 문제와도 연관되어 논의되었다. 필리핀 언론에서는 이 문제를 지식 재산권 측면에서 바라보았다. 즉, 서구에서 만들어놓은 지식 재산권이라는 권리는 제3 세계 국가의 자원을 도둑질하는 거나 다름없다는 것이었다. 이렇게 필리핀 내에서 관심이 고조되자 일라이릴리도 반응을 내놓지 않을 수 없었다. 일라이릴리에서는 해외 지사에서 일하는 직원은 이미 급여를 받고 일한 것이기 때문에 회사는 급여와 혜택을 초과해서 로열티나 보상을 지급할 수 없다는 것이었다. 그러한 정책은 아퀼라가 근무했을 때나 1994년 당시에나 똑같이 적용되는 규칙이기 때문에 아퀼라 가족이 요구하는 보상은 받아들일 수 없다고 했다.

그런데 일라이릴리의 전 직원은 회사 측과는 좀 다른 이야기를 가족들에게 전했다. 1996년 8월 아퀼라 가족이 받은 편지에는 회사의 지역 책임자가 여러 이유를 들어 아퀼라를 해고했다는 내부 정보가 적혀 있었다. 아마도 아퀼라가 상황을 보다 구체적으로 파악하기 전에 그를 내보내려는 본사와 지사의 움직임이 있었던 것 같다는 내용이었다. 9년 동안 일라이릴리에서 일했다는 그 직원은 편지에서 아퀼라가 의료 책임자로 승진하는 대신 허드렛일만 담당하는 위치에 있었다는 것도, 또 그렇게 억지로 회사를 떠나게 된 것도 슬픈 일이었다고 전하고 있었다. 이는 일라이릴리 본사에서도 에리트로마이신 개발에서 아퀼라가 수행한 역할을 알고 있었고, 그가 자신의 권리를 주장할 것을 염려해서 미리 싹을 잘라버렸을 가능성이 크다는 것을 의미했다.

하지만 지금까지도 아귈라와 그의 가족은 일라이릴리에서 아무런 보상을 받지 못한 것으로 알려져 있다. 이 사례는 서구의 다국적 기업들이 개발도상국에서 발견되는 약초를 이용한 토착 지식이나 다양한 생물에서 취득한 특허를 통해 얻는 이익을 규정하는 국제 특허법이 지식 재산권이란 이름으로 허술하고 불합리하게 자행되었던 상징적 사례로 언급되고 있다.

나고야 의정서

지금 같으면 에리트로마이신이나 이어서 다룰 반코마이신 모두 일라이릴리가 특허권을 전적으로 행사할 수는 없다. 나고야 의정서Nagoya Protocol 때문이다. 나고야 의정서는 생물자원을 활용해 생기는 이익을 공유하는 지침을 담은 국제 협약이다.

2010년 10월 27일부터 29일까지 일본의 나고야에서 192개국 정부 대표와 관련 국제기구, 국제 민간단체 대표 등 1만 6000명이 참석한 가운데 제10차 생물 다양성 협약Convention on Biological Diversity, CBD 당사국 총회가 열렸다. 이 총회에서 생물자원을 활용해 발생하는 이익을 어떻게 나눠야 할지 논의가 이루어졌다. 1992년에 이미 생물 다양성 협약이 채택된 바가 있지만, 생물자원을 보유한 개발도상국과 생물자원을 활용할 기술을 갖춘 선진국 간에 이익 공유 문제에 관해 합의를 보지 못하는 상황이었다. 그러다 우여곡절 끝에 폐회를 2시간 앞두고 극적으로 합의에 성공했고, 곧이어 열린 총회에서 나고야 의정서로 채택되었다.

나고야 의정서는 2014년 10월 12일에 국제적으로 발효되었고, 우리나라에서도 관련법이 정비된 2017년 8월 17일부터 적용되기 시작했다. 나고야 의정서는 생물과 유전자원에 대한 접근과 이를 활용한 이익의 공정하고 공평한 공유에 관한 내용을 담고 있다. 즉 유전자원과 이에 대한 전통 지식을 활용하기 위해 접근할 때 정해진 절차에 따라 사전에 통보하여 승인을 받아야 하며(사전 통고 승인, prior informed consent, PIC), 유전자원과 이에 대한 전통 지식을 이용하는 사람은 그로부터 발생하는 이익(금전적 이익은 물론 비금전적 이익까지)을 어떻게 공유할지(상호 합의 조건, mutually agreed terms, MAT) 합의해야 한다. 또한 당사국은 이에 관한 입법 · 행정 · 정책적 조치를 취해야 하고, 이용자는 법과 규제 요건에 따라 접근하여 이익을 공유해야 하며, 관련 국가기관이 이를 점검하도록 규정하고 있다(의무 준수, compliance).

과거 개발도상국의 생물자원을 이용하여 선진국이 이익을 본 사례는 부지기수다. 지금이야 '도둑질'이라는 표현까지 쓸 수 있지만, 식민지 침탈 시대는 물론 현대로 넘어와서도 생물자원은 공공재로 여겨졌다. 자원은 그냥 널려 있는 것이니 자원의 가치를 찾아낸 사람이 그걸 이용해 이익을 얻는 것은 당연하다는 생각으로, 기술이 있는 선진국의 회사나 개인이 특허를 신청해 이익을 독차지하는 경우가 많았다. 에리트로마이신의 사례가 딱 그랬다. 그런데 나고야 의정서로 그런 관행에 제동이 걸린 것이다.

1990년대 일본의 화장품 회사인 시세이도는 인도네시아의 자생식물인 자무Jamu에서 추출한 원료로 미백 효과와 노화 방지 기능이 있는 화장품을 만들었고, 51건의 관련 특허를 출원하기도 했다. 그 과정에서 시세이도는 인도네시아 현지의 대대적인 비판에 직면했고, 2002년 결국 자무 관련 특허를 자진 철회했다. 비록 시세이도의 자무 사례는 나고야 의정서에 의한 것은 아니었지만, 이제는 생물 주권이 인정되는 시대라는 것을 보여주는 단적인 예라고 할 수 있다. 사실 이 문제는 서구 선진국만의 문제는 아니다. 우리나라도 해외의 많은 자원을 발굴해 관련 산업에 이용해 왔는데, 이제 관련 생물자원을 우리나라에서 찾거나 해외의 생물자원을 이용할 때는 적지 않은 보상을 해야만 하는 시대가 온 것이다.

이런 관점에서 본다면 에리트로마이신은 명백히 필리핀의 생물자원을 이용한 이익 편취다. 따라서 일라이릴리가 필리핀의 아퀼라와 적절하게 이익을 공유해야 하는 것은 당연해 보인다. 물론 당시는 나고야 의정서는 물론 생물다양성에 대한 인식도 없었던 시기였다는 한계는 있지만 말이다.

페니실린이 더 이상 듣지 않는다

이번에는 반코마이신이라는 항생제에 관한 얘기다. 반코마이신 이야기를 하려면 그에 앞서 메티실린-내성 황색포도상구균 methicillin-resistant *Staphylococcus aureus*, 흔히 MRSA라고 부르는 세균을 알 필요가 있다.

플레밍이 페니실린을 처음 발견했을 때를 한번 되짚어 보자. 그가 페니실린을 찾아낸 곳은 바로 황색포도상구균을 배양하는 페트리 접시였다. 다시 말해, 황색포도상구균을 죽이는 물질을 찾다 보니 페니실린이 발견되었다는 얘기다. 그런데 플레밍이 1945년 노벨상 수상 강연에서도 얘기했듯이, 항생제에 대해 내성이 생겨날 것이라는 것은 필연적이었다. 그리고 당시 이미 페니실린에 내성이 있는 황색포도상구균이 나타나고 있었다. 그때 등장한 항생제가 바로 메티실린이다. 메티실린은 페니실린과 구조가 유사한 베타-락탐 계열의 항생제다. 메티실린은 페니실린의 베타-락탐 고리를 변형한 구조를 바탕으로 만들어진 항생제인데, 페니실린보다 효과는 조금 떨어졌지만, 페니실린 분해효소에 의해 분해되지 않았기 때문에 1960년 임상에 바로 도입되었다. 메티실린은 도입되자마자 큰 인기를 누렸다. 당시 황색포도상구균에 감염되어 폐렴으로 생사를 오가던 당대 최고의 배우 엘리자베스 테일러의 목숨을 구하면서 더욱 유명세를 높였다.

하지만 곧 문제가 생겼다. 메티실린을 쓰고 일 년도 채 되지
않아 메티실린에 내성이 있는 황색포도상구균이 나타난 것이었다.
게다가 이런 메티실린-내성 황색포도상구균, 즉 MRSA는 시간이
지나면서 다른 대부분의 항생제에 대해서도 내성을 갖게 되었다.
특히 병원에서 발견되는 MRSA가 그랬는데, 1980년대 들어서면서
병원에서 감염되는 대부분의 MRSA가 거의 모든 항생제에 내성을
갖게 되면서 이제는 쓸 수 있는 항생제가 없는 상황이 되어버린 것
이다. MRSA는 병원에서 가장 많이 나타나는 세균 중 하나이기 때
문에 문제는 더욱 심각했다. 그때 의사들과 연구자들이 눈을 돌린
물질이 바로 반코마이신이다. 반코마이신은 그야말로 MRSA에 대
한 최후의 항생제였고, 이것까지 내성이 생겨버리면 대책이 없을
것이라는 우려까지 낳았다. 그 우려는 사실 지금까지 사라지지 않
았다.[iii]

[iii] 다행히 아직까지 반코마이신 내성 황색포도상구균(vancomycin-resistant *Staphylococcus
aureus*, VRSA)이 흔하게 나오지는 않고 있다.

반코마이신, 또는 미시시피 진흙

그럼 반코마이신이라는 항생제는 언제 어떻게 개발된 것일까? 이번에도 배경은 동남아시아, 재료는 토양, 제약회사는 일라이릴리다. 하지만 그래도 에리트로마이신보다는 훨씬 덜 불편한 이야기다. 일라이릴리의 에드먼드 콘펠드가 이끄는 연구팀이 인도네시아의 보르네오 섬에서 보내온 흙에서 방선균을 찾아냈고, 오랜 연구 끝에 이 세균에서 항생물질을 추출해 냈는데, 그게 바로 반코마이신vancomycin이다. '화합물 05865'라는 라벨이 붙여졌던 이 물질은 녹이면 걸죽한 갈색의 액체가 되었다. 연구팀은 이 물질을 두고 '미시시피 진흙Mississippi Mud'이라고 불렀다. 반코마이신이라는 이름은 'vanquish'라는 단어에서 왔는데, '정복하다'라는 뜻 그대로 감염병 정복에 대한 염원을 담아 지었다고 한다. 반코마이신은 분자량이 매우 크고 그 구조가 상당히 복잡하다. 이 항생제는 글리코펩타이드 계열에 속하는데, 말 그대로 펩타이드에 당glyco-이 여럿 결합한 것이다.

반코마이신의 표적도 페니실린이나 세팔로스포린처럼 세균의 세포벽이다. 하지만 구체적인 메커니즘은 서로 다르다. 세균 세포벽의 주성분이 펩티도글리칸이라는 얘기는 앞에서 이미 했는데, 이 펩티도글리칸은 두 개의 분자로 이루어져 있다. 황색포도상구균의 경우에는 아세틸글루코사민N-acetylglucosamine, GlcNAc과 아세틸무라민산N-acetylmuramic acid, MurNAc이 교대로 연결된 사슬로 이루어져 있다. 이 사슬들은 4개 내지 5개의 아미노산으로 된 다리 bridge로 단단하게 결합되어 있다. 다리의 끝부분에는 알라닌이라는 아미노산이 2개가 연결되어 있는데, 반코마이신은 바로 이 부분에 결합한다. 이렇게 세포벽의 형성 과정이 방해를 받으면 세균은 결국 죽게 된다.

반코마이신은 '정복자'라는 이름에 걸맞지 않게, 약효의 범위가 황색포도상구균을 비롯한 그람 양성균으로 제한적이었고, 신장 질환이나 청력 손실이 간혹 나타났고 투여 후 몇 분 만에 얼굴과 목, 가슴에 붉은 두드러기가 나타나는 '레드맨 증후군red man syndrome'의 부작용이 있었다. 무엇보다 이미 시장을 차지하고 있는 다른 항생제가 있었기에 큰 각광을 받지 못했다. 시장을 장악하고 있던 항생제는 메티실린이었다. 하지만 메티실린을 비롯한 여러 항생제에 내성을 가진 세균이 나타나면서 부작용이 있다는 치명적인 약점에도 불구하고 반코마이신은 세상으로 불려 나왔다.

보르네오 섬에서 보내온 흙

반코마이신이 세상에 나오는 데는 에드먼드 콘펠드Edmund

에드먼드 콘펠드

Carl Kornfeld, 1919~2012의 공이 가장 컸다. 콘펠드는 신약 개발에 온 생애를 쏟은 유기화학자로, 제1차 세계 대전이 막바지였던 1919년 2월 미국 필라델피아에서 태어났다. 템플 대학을 졸업하고, 1944년에 하버드에서 화학 전공으로 박사 학위를 받았다.

그리고 2년 후인 1946년에 그는 일라이릴리에 들어갔다. 1952년에 그는 토양 샘플 하나를 받았다. 그 전해에 인도네시아에서 군목을 하다가 전쟁 후에는 보르네오에서 선교 활동을 하던 친구 윌리엄 콘리에게 편지를 보내 샘플을 요청했는데, 그게 도착한 것이었다. 콘펠드는 자신이 근무하는 일라이릴리의 식물 스크리닝 프로그램에 관해 설명하고, 멸균된 통 몇 개를 보냈다. 콘리는 편지를 받고 한 달도 안 돼 통에 흙을 담아 콘펠드에게 보냈다. "여기 이 흙에 뭔가 대단한 게 있었으면 진짜 좋겠어. 그런데 정원에 심을 뭔가를 찾는 거라면 큰 기대는 하지마." 콘리가 보내온 흙에는 새로운 항생물질을 내놓는 세균이 없었다. 콘펠드는 콘리에게 새 통을 보내면서 말했다. "시내나 마을에서 멀리 떨어진, 인적이 드문 곳에서 샘플을 채취해 …."

콘리는 마침 휴가로 보르네오 섬을 떠날 참이었다. 동료 선교사인 윌리엄 바우William Bouw에게 보르네오의 외딴 곳에서 흙을 채취해 달라고 부탁했다. 콘펠드에게 보르네오의 적당한 흙을 채취해 보낸 사람은 바로 바우였다. 바우가 보낸 흙에는 방선균의 일종인 스트렙토미세스 오리엔탈리스Streptomyces orientalis[iv]와 이 세균이 만들어 낸 여러 물질이 함께 들어 있었다.

콘펠드 팀은 방선균에서 추출한 새로운 화합물을 정제하는 데 애를 먹었다. 당시 화학물 정제에는 용매로 피크린산picric acid을 많이 썼는데, 이 물질은 폭발성이 있었다. 그래서 콘펠드의 팀은 다른 방법을 찾았고, 그 방법이 바로 이온교환수지를 통과시키는 것이었다. 그런데 이온교환수지로 정제하면 순도가 82퍼센트밖에 되지 않았다. 그래서 이 물질을 용해했을 때 갈색을 띤 것이다. '미시시피 진흙'이라는 별명은 바로 그런 이유에서 나온 것이었다. 그래도 항균 효능이 뛰어났고, 사람에게 사용하기에도 충분히 안전한 것으로 판단되었다. 그렇게 반코마이신은 많은 생명을 구해 냈다.

일라이릴리에서 콘펠드의 연구 이력을 보면 흥미로운 물질이 하나 등장한다. 리세르그산lysergic acid이 바로 그것인데, 흔히 LSD라고 줄여 부르는 환각제다. 콘펠드는 노벨상 수상자인 로버트 우드워드의 도움을 받아 LSD를 실험실에서 최초로 합성하는 데 성공했다. 당시에는 아직 환각 물질에 대한 제제가 심하지 않았고, 일라이릴리는 우울증과 불안, 심인성 질환, 중독에 대한 치료법을 찾고 있었는데, LSD가 강력한 후보 물질이었다. 그리고 파킨슨병 치료제로 사용되었던 퍼골라이드pergolide 개발에도 참여했다.

반코마이신을 찾아내는 데 일정한 역할을 한 두 선교사에게는 어떤 보상이 주어졌을까? 윌리엄 콘리는 그후 신학과 인류학 학위를 받았고, 여러 신학교에서 강의했다. 2010년 93세의 나이로

---

iv 나중에 *Amylolatopsis orientalis*로 속명이 바뀌었다.

세상을 떠났다. 윌리엄 바우는 역시 선교사였던 아내와 함께 세계 각지에서 선교 활동을 했다. 그는 2006년 88살에 사망했다. 바우는 일라이릴리가 자신은 물론 콘리에게 아무런 보상을 하지 않기로 한 결정에 어떤 이의도 제기하지 않았다.

반코마이신도, 앞에서 얘기한 나고야 의정서에 의하면, 투명한 절차와 공정한 이익 공유가 이루어지지 않고 개발된 항생제다. 일라이릴리는 반코마이신을 팔아 막대한 돈을 벌었지만, 반코마이신을 개발한 콘펠드는 물론이고, 콘리와 바우도 보상을 받지 못했다. 반코마이신을 통해 살아난 사람들이 그들의 이름을 듣게 되는 경우도 거의 없다. 인도네시아와 보르네오 섬 사람들은 그냥 있어도 없는 존재일 뿐이었다. 사실 그들이 어떤 생각으로 그런 일을 했는지는 알 수 없다. 단순한 선의였을 수도 있고, 과학적 열망이었을 수도 있고, 혹은 감염병에서 많은 사람을 구하고자 한 인류애였을 수도 있다. 혹은 직업적 의무감, 아니면 종교적 신념이었을 수도 있다. 어떤 이유로든 그 결과는 치명적 질병에서 수많은 사람을 살려냈다. 그리고 그들은 커다란 영광과 막대한 이익 뒤로 조용히 사라졌다. 그들의 역할을 바르게 기억하고, 또 정당하고 공정하게 자원을 활용해야 하는 이유가 바로 여기에 있다.

9장

지워지는
연구자의 이름

리팜피신, 날리딕스산
피에로 센시, 조지 레셔

2013년, 이탈리아

2013년 8월 이탈리아의 뛰어난 과학자이자 과학 행정가로, 많은 젊은 연구자의 멘토였던 피에로 센시Piero Sensi, 1920~2013가 세상을 떠났다. 그의 후배이자 동료였던 지안카를로 란치니는 센시를 다음과 같이 추모했다.

"피에로 센시는 함께 일하기 좋은 사람이었습니다. 그는 일상의 온갖 일에 여유가 있었고, 연구가 성공적이어도 절제하며 말하곤 했습니다. 일이 뜻대로 풀리지 않아도 낙심하지 않았고, 인내하며 어려움을 극복해 나갔습니다. 그는 동료에게는 언제나 긍정적이었는데, 실제로 그들은 센시에게 비판받는다고 생각하지 않고, 오히려 이해받고 인정받는다고 느꼈습니다. 프로젝트의 연구 결과와 진전에 대해 격의 없이 편하게 논의하는 걸 즐겼고, 새로운 아이디어를 적극 장려해 모든 사람이 연구에 참여하고 있다고 느낄 수 있게 했습니다. (…) 원칙적으로, 팀의 결정은 합의에 기초했습니다."

왁스먼과 샤츠가 찾은 스트렙토마이신이 결핵에 대한 약효를 잃어가는 상황에서 센시와 동료 연구자들이 개발한 결핵 치료제인 리팜피신은 수많은 사람의 생명을 구했다.

느와르 영화를 좋아해서

1957년 이탈리아 밀라노의 다우-레페티트 연구소Dow-Lepetit Research Laboratories에 프랑스의 소나무 숲에서 채취한 토양 샘플 하나가 도착했다. 피에로 센시와 마리아 팀발이 이끄는 연구진은 이 흙에서 새로운 세균을 찾아냈고, 이 세균의 발효 배양액에 항균력이 있는 물질이 포함돼 있다는 것을 알아냈다. 센시의 연구팀은 이 물질에 리파마이신rifamycin이라는 이름을 붙여주었는데, 이 이름은 당시에 인기가 많았던 프랑스의 범죄 소설《리피피Rififi》에서 가져온 것이었다.[i] 이 소설은 영화로도 제작되어 큰 인기를 끌었다. 센시의 연구팀은 이 물질을 기반으로 보다 안정적인 반합성semi-synthetic 물질을 만들기 위해 노력했고, 1959년 마침내 효과가 좋으면서도 부작용이 적은 새로운 항생제를 만들어 냈다. 이 물질이 바로 리팜피신rifampicin이다. 미국에서는 리팜핀rifampin으로도 불리는데, 리팜피신이 국제적으로 통용되는 일반약명이다.

리팜피신은 세균의 전사 과정을 막는 항생제다. 세포 내에서

---

i Riffifi는 프랑스 은어로 '골칫거리'를 의미한다. 참고로 마타마이신(matamycin)이라는 항생제가 있는데, 이 항생제의 이름은 '마타 하리(Mata Hari)'라는 1차 세계 대전 당시 활약한 유명한 여성 스파이의 이름에서 유래했다. 마타 하리에 관한 영화 역시 항생제가 개발될 즈음 상영 중이었다.

단백질이 만들어지려면 DNA에서 mRNA로 전사가 일어나야 하는데, 이 과정에 관여하는 효소에 리팜피신이 결합하면 해당 효소가 작동을 멈추게 된다. 사람과 세균은 전사 과정에서 서로 다른 효소를 사용하는데, 리팜피신이라는 항생제가 표적으로 하는 효소는 DNA-의존 RNA 합성효소 β-단위로 세균에 존재한다.

앞서 얘기한 대로 리팜피신이라는 항생제도 스트렙토마이신, 에리트로마이신, 반코마이신 등 다른 많은 항생제처럼 토양 샘플에서 분리한 방선균에서 나왔다. 스트렙토미세스 메디테라네이 *Streptomyces mediterranei*라는 방선균인데, 학명이 여러 차례 바뀌어 지금은 아미콜랍토시스 리파미시니카*Amycolaptosis rifamycinica*라고 불린다. 리팜피신은 개발 당시에도 주로 그람 양성균에 효과가 있는 것으로 알려졌는데, 특히 결핵균에 훌륭한 항균력을 갖고 있다는 것이 증명되면서 지금도 항결핵제로 널리 쓰이고 있다.

회사가 곧 나의 이름

리팜피신의 발견을 주도한 피에로 센시는 1920년 이탈리아 중부 비테르보 인근에서 태어났다. 나폴리의 페데리코 2세 대학에서 물리화학을 전공하고, 당시 이탈리아 최대 화학 회사인 몬테카티니의 실험실에서 새로운 염료를 합성하는 일로 연구 경력을 시작했다.

1950년에 물리화학 실험실을 만들자는 제안을 받고 다우-레페티트 연구소에 합류했다. 그는 1950년대 초부터 공정 개발에 중점을 두고 항생제 개발에 뛰어들었다. 초기에는 발효 공정을 개선해서 테트라사이클린의 생산 효율을 높였고, 테트라사이클린에서 파생 항생제인 브로모테트라사이클린도 만들어냈다. 이 경험을 토대로 센시의 연구팀은 새로운 항생제를 찾기 위한 스크리닝을 시작했다. 그렇게 프랑스의 한 숲에서 온 흙에서 방선균 균주를 찾았고, 마침내 새로운 항생물질을 발견했다.

이후에도 센시는 리팜피신을 개조하면서 효능이 좋은 항생제와 항바이러스제, 항종양제를 개발하는 연구팀을 이끌었다. 1966년에는 레페티트 연구소의 이사로 임명되어 다양한 영역의 과학자들 사이에 의사 소통을 촉진하는 실험실 조직을 만드는 데 힘쓰기도 했다. 그러면서도 여전히 항생제 개발 부서의 연구 라인은 직접 감독했다. 새로운 항생제를 효율적으로 개발하는 시스템을 고민하면서 항생제 개발 파이프라인을 지속적으로 개선했고, 그 결과로 리팜피신 유도체로 혐기성균인 클로스트리오데스 디피실레 관련 설사 치료제를 개발하였고, 다양한 항생제도 추가로 발견했다. 특히 1970년대에는 테이코플라닌을 개발했는데, 이것은 반코마이신과 같은 글리코펩타이드 계열의 항생제로 레페티트 연구소에서 개발한 항생제 중 리팜피신 다음으로 중요한 항생제로 평가받고 있다.

센시는 1974년에는 레페티트 연구소의 연구 총괄 이사가 되었고, 1978년 은퇴 후에는 밀라노 대학의 산업미생물학 교수가 되었다. 그는 2013년 8월에 세상을 떠났다.

똑같이 토양 세균에서 나온 항생제이지만, 리팜피신과 센시의 이야기에는 앞에 나온 에리트로마이신의 아궐라나 반코마이신의 콘리나 바우와 같은 원재료 제공자가 등장하지 않는다. 사실 리팜피신의 개발로 이어진 흙을 프랑스에서 처음으로 채취해 보낸 사람이 누구였는지는 분명하지 않다. 회사 내부에서 진행된 일이라 굳이 개인의 이름을 남길 필요가 없었을지도 모르겠다.[ii]

역사의 각주가 된 과학자들

1990년 3월 22일 《뉴욕 타임스》에 부고 하나가 실렸다. 예순네 살의 나이에 카누 사고로 사망한 과학자에 대한 것이었다. 조지 레셔George Yohe Lesher, 1926~1990라는 이름인데, 신문 기사는 그를 스털링 제약회사의 연구원이자 발명가로 소개했다.

"레셔 박사는 뉴욕의 렌셀러 공과대학Rensselaer Polytechnic Institute 을 졸업하고 1952년에 스털링 연구소에 들어가 1982년까지 근무했

---

ii 레페티트 연구소의 연구원이었던 에르메스 파가니(Ermes Pagani)였다는 기록도 있다.

1970년대, 피에로 센시(맨 오른쪽)와 지안카를로 란치니(맨 왼쪽)

고, 1957년부터는 그룹의 리더였다. 팀장이 되고 몇 달 안 되어 새로운 종류의 항생제를 개발했고, 나중에는 심장병 치료에 널리 사용되는 약물도 발견했다."

기사에서 언급한 '새로운 종류의 항생제'가 바로 날리딕스산 nalidixic acid이다. 이 항생제는 처음부터 계획했던 것은 아니고, 다른 감염병 치료제를 개발하다 나온 것이었다. 1960년대부터 퀴놀론 계열의 항생제가 개발되기 시작해서, 지금은 퀴놀론에 플루오린(불소)이 붙은 플루오로퀴놀론이 많이 쓰인다. 바로 이 계열 항생제의 원조쯤 되는 게 바로 날리딕스산이다.[iii]

날리딕스산은 말라리아에 대한 약을 만드는 과정에서 나온 항생제다. 말라리아 치료제인 클로로퀸을 만드는 과정에서 퀴놀린이라는 부산물이 나온다. 미국의 제약회사 스털링-윈스롭Sterling Winthrop의 연구팀은 우연히 이 부산물이 말라리아가 아니라 세균에 효과가 있다는 걸 알게 되었다. 그들은 연구 방향을 바꿔 항생제 개발에 나서게 되었고, 아직 항균력이 뛰어나지 못한 퀴놀린을 변형시켜 여러 새로운 화합물을 만들어 보았고, 항균력을 테스트한 끝에 1962년 날리딕스산이라는 항생제를 만들어 발표했다.

---

iii 퀴놀론이나 플루오로퀴놀론 계열의 항생제는 모두 '~floxacin'으로 끝나는데, 이 물질만 이름이 다르다.

퀴놀린 기본 구조(왼쪽)와 날리딕스산의 구조

퀴놀린의 기본 구조와 날리딕스산의 구조를 자세히 살펴보면 벤젠 고리가 두 개 있는 것은 같지만, 날리딕스산의 고리에는 질소(N) 원자가 하나 더 있는 걸 알 수 있다. 그러니까 날리딕스산은 엄밀한 의미에서 퀴놀론, 즉 퀴놀린에 케톤기가 붙은 것이 아니라는 얘기다. 화학적으로는 나프탈렌과 비슷한 물질로, 엄밀하게 말하면 나프티리돈naphthyridone이라고 해야 옳다. 그렇지만 현재 어느 누구도 날리딕스산이 처음으로 임상에 사용된 퀴놀론 계열의 항생제라는 걸 부인하지 않는다.

날리딕스산은 항균 범위가 넓지 않아 많이 쓰이지 않았고, 지금은 치료용으로는 거의 사용되지 않는다. 다만 항생제 내성과 관련하여 (플루오로)퀴놀론 계열 항생제의 지표로 사용된다. 그리고 더 의미 있는 것은 이후에 쏟아져 나온 퀴놀론과 플루오로퀴놀론 계열 항생제의 시발점이 되었다는 점이다. 우리나라에서 최초로 개발된 항생제가 바로 플루오로퀴놀론 계열의 항생제다(4세대 플루오로퀴놀론에 해당한다). 2013년 우리나라 최초로 미국 식품의약국의 신약 허가를 받은 LG화학의 제미플록삭신gemifloxacin이다. 이 물질은 현재 '팩티브Factive'란 상표명으로 판매되고 있다. 플루오로퀴놀론 계열에서 가장 먼저 나온 항생제는 1979년 일본 교린제약杏林製藥에서 특허 신청한 노르플록삭신norfloxacin이다.

날리딕스산에서 비롯된 퀴놀론 혹은 플루오로퀴놀론은 세균의 DNA 복제를 방해한다. DNA는 2개의 염기 사슬이 서로 연결되어 나선형으로 꼬인 구조다. 그런데 이렇게 꼬인 구조가 다시 한번 더 비틀려 있는 구조, 즉 양성 초나선 구조positively supercoiled가 복제가 일어나기 전 DNA의 구조다. 당연히 이 상태에서는 복제가 일어날 수 없다. 복제가 일어나려면 이 구조가 풀려야 한다. 이 과정에 관여하는 효소 중 자이레이스gyrase와 국소이성질화효소 IVtopoisomerase IV가 가장 중요하다.

DNA 자이레이스는 DNA 복제가 일어나는 시작 부위에 결합하여 음성 초나선구조negative supercoil를 만들어 DNA의 이중 가닥이 서로 분리되도록 한다. DNA의 가닥을 잠시 잘랐다가 다시 이어 붙이는 기능도 한다. 국소이성질화효소 IV는 자이레이스와 비슷하지만, 한 가지 기능이 더 있다. 바로 얽혀 있는 서로 다른 이중나선 가닥을 풀어줄 수 있다. 이 두 효소가 작용해야 세균 내에서 DNA

복제가 시작될 수 있다. 날리딕스산 같은 퀴놀론과 플루오로퀴놀론 계열의 항생제는 바로 이 자이레이스나 국소이성질화효소 IV에 결합해 복제가 일어나지 못하게 방해하는 것이다. 물론 사람도 DNA 복제가 일어나려면 거의 비슷한 과정을 거치지만, 이 과정에 관여하는 효소의 종류가 다르다. 그래서 퀴놀론 계열의 항생제가 세균에만 작용하는 것이다.

이런 날리딕스산을 퀴놀린에서 만들어 낸 사람이 스털링-윈스롭에서 일하던 조지 레셔와 그의 동료 과학자들이었다. 레셔의 개인적인 기록은 찾기가 쉽지 않다. 겨우 찾을 수 있었던 것이 앞에서 언급한, 카누 사고로 익사했을 때 그의 부고를 알린 신문 기사다. 기사의 제목인 "레셔, 64세, 심장약 개발자"를 보거나 부고의 내용을 읽어 봐도, 그의 주요 업적은 사실 항생제의 발견이 아니라 심장병 치료제인 암리논amrinone 개발이다. 지금은 굉장히 중요한 항생제가 된 플루오로퀴놀론의 선조 격인 항생제를 찾아낸 레셔지만 사람들은 이제 그를 기억하지 않는다. 잘 팔리는 약의 상표명이나 거대 제약회사의 회사명 정도만 기억할 뿐이다. 사람들에게 이 모든 걸 기억하라고 할 수는 없지만, 누군가는 기록을 남겨야 할 텐데, 이제는 그것마저 희미해져 간다. 이들은 회사의 연구원일 뿐이고, 약의 원료를 만든 사람일 뿐이다. 본문도 아니고 각주에 기록되면, 아니 그렇게라도 되어 찾을 수 있다면 좋을텐데, 이제 이들은 항생제 역사의 각주에도 간신히 올라와 있을 뿐이다.

한참 후에 날리딕스산과 관련하여 관심을 끈 것은 조지 레셔를 비롯한 스털링-윈스롭의 연구진이 어떻게 날리딕스산을 개발했는지가 아니라, 왜 날리딕스산을 항생제로 밀었는지였다. 사실 스털링-윈스롭의 레셔와 연구원들이 날리딕스산이 항균 작용을 한다는 걸 알아낼 즈음에는 나중에 퀴놀론 계열의 항생제가 되는 물질도 이미 합성한 상태였고, 그것들이 항생제로 가능성이 더 크다는 것도 알고 있었다. 날리딕스산을 발표한 논문의 각주에 그런 내용을 곧 발표할 것이라고 예고하기도 했지만, 실제 논문은 나오지 않았다. 아마도 그 몇 년 전에 다른 제약회사가 퀴놀론 구조의 물질에 대한 특허를 냈기 때문으로 보여진다. 그래서 특허 문제로 퀴놀론을 상업화하기 힘들다는 것을 깨달은 스털링-윈스롭은 방향을 전환해서 날리딕스산을 항생제로 밀고 출시했던 것이다. 결국은 나중에 대세가 된 것은 퀴놀론이었고, 퀴놀론도 곧 플루오로퀴놀론으로 대체되었지만. 이 모든 과정에서 연구 그룹의 리더였던 레셔가 어떤 역할을 했는지 구체적으로 알려진 것은 없다.

그들이 잊혀지는 이유

1950년대 후반에 발견한 리팜피신과 날리딕스산에서 비롯된 플루오로퀴놀론은 현재 감염병 치료에서 매우 중요한 항생제다. 이들 항생제는 모두 연구소나 제약회사에서 조직적인 연구를 통해 개발되었다. 사실 이 책에서 소개하는 많은 항생제가 그렇긴 하다. 심지어 페니실린이나 세팔로스포린, 스트렙토마이신과 같이 초기에 발견된 항생제는 개인, 혹은 대학 연구실 차원에서 이루어진 것이지만, 이 경우도 약으로 개발되기 위해서는 체계화된 조직을 갖추고 풍부한 자금을 댈 수 있는 기관이나 기업이 필요했다. 살바르산도 획스트라는 거대한 제약회사가 뒤에 있었고, 프론토실은 아예 바이엘의 연구 조직에서 체계적인 스크리닝을 통해 개발되었다.

항생제 개발의 역사를 보면, 개인이나 대학 실험실 차원의 연구는 얼마 안 있어 바로 사라졌다는 걸 알 수 있다. 1950년대만 되어도 항생제를 생산하는 세균이나 곰팡이를 찾는 연구든 기존 화학물질을 변형시켜 항균 작용이 있는 새로운 물질을 만드는 연구든 대부분 대학 연구실 차원을 벗어나 제약회사나 연구소의 몫이 되었다. 이는 다른 질병에 대한 약 개발에서도 흔히 나타나는 현상으로 어찌 보면 당연한 발전 방향이었다고도 할 수 있다. 신약 개발이 절차가 복잡해지고, 규제도 강화되면서, 자금력과 함께 효율적인 조직이 뒷받침되지 않으면 안 되는 일이 된 것이다.

그런데 이 과정에서도 이름이 남은 이들이 있고, 잊힌 이들이 있다. 센시는 상대적으로 이름이 짙게 남은 연구자다. 그는 연구소의 연구팀을 이끌고 있었고, 리팜피신 연구 이후에도 중요한 직책을 계속 맡아 많은 업적을 남겼고 명성도 높았다. 그래서 센시는 많은 이들이 기억하고, 또 그를 기린다. 반면 레셔는 날리딕스산 연구에서 중요한 역할을 했음에도 거의 잊힌 인물이 되었다. 그는 회사라는 조직에 속해 맡은 일을 성실하게 해냈다. 그 결과 새로운 항생제 개발에 성공했다. 하지만 그가 클로로퀸 합성 과정에서 나온 부산물이 항생제로 발전할 가능성이 있는 물질이라는 것을 어떻게 알아냈는지, 또 항생제로 개발하고 출시할 것인지에 대한 의사 결정과 진행 과정에서 레셔가 어떤 역할을 했는지는 잘 알 수 없다. 그것은 개인의 몫이 아니라 조직의 몫이었고 회사의 책임이었다. 그렇게 항생제 개발에서 개인의 역할은 희미해져 갔고, 연구자들의 이름은 개별적으로 기록되지 않게 되었다. 앞서 얘기한 바이엘의 도마크에서 센시, 레셔로 이어지는 역사는 이 과정을 분명하게 보여준다.

항생제 개발에서 연구자의 이름이 사라지는 경우는 우리나라에서 최초로 개발된 플루오로퀴놀론 계열의 항생제 제미플록삭신(제품명 팩티브)에서도 볼 수 있다. 우리나라 최초라고 하지만, 그 연구를 주도한 인물이 누구인지 일반인에게는 전혀 알려지지 않았다. 굉장히 많은 연구 인력이 항생제 개발 연구에 참여했고, 그 항생제 개발의 주역이라 불리는 이들도 있다.[iv] 하지만 항생제의 개발은 거의 기업, 혹은 기업의 연구소가 해낸 것으로 기록되어 있다. 이러한 상황이 잘못되었다는 게 아니다. '연구의 낭만'이라고 할까, 그런 끈끈함에 대한 아쉬움 같은 것이 있을 뿐이다.

iv 대표적인 분이 홍창용 박사인데, 그는 2003년 43세의 나이로 별세했다.

그렇게 항생제 개발뿐 아니라 많은 기술 개발과 기초 과학 연구에서 개인의 이름은 가려지고 있다. 가끔 유명한 이들도 등장하지만, 그들의 명성은 해당 분야의 범주를 벗어나기 쉽지 않다. TV에 얼굴을 비치며 화려한 언변을 자랑하지 않고서는 과학으로 대중적인 이름을 날리기는 굉장히 힘들어진 시대가 되었다. 하지만 그래도 과학은, 연구는 계속되고 있다. 이름을 날리는 것만이 과학의 목적은 아니니까, 그리고 반드시 필요한 일이니까. 지금도 대학의, 연구소의, 기업의 연구실에서 책임자든, 학생이든, 혹은 연구원이든 자신의 자리에서 묵묵히 연구를 수행하고 있는 모든 연구자를 응원한다. 진짜 마음을 이야기하자면, 응원이 아니라 지원이 필요하다.

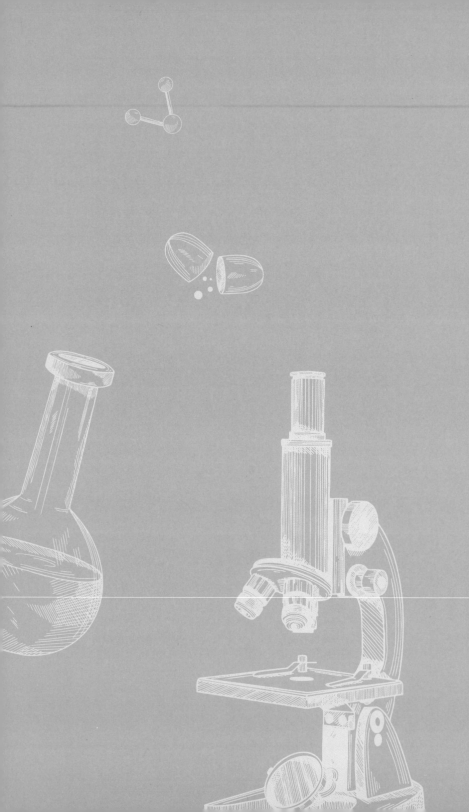

4

세상의 절반은
여자

10장

히든 피겨스

페니실린, 테라마이신, 클로람페니콜

엘리자베스 버기, 마티에드나 존슨, 밀드레드 렙스톡

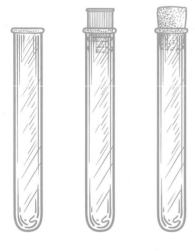

2001년, 미국의 노동절 피크닉에서

2001년 제21회 미국 흑인 의원 연합Congressional Black Caucus의 노동절 행사에서 한 할머니가 전단지를 나눠주고 있었다. 전단지에는 굵은 글씨로 페니실린과 성홍열 치료제가 간호사 마티에드나 존슨에 의해 개발되었다고 적혀 있었다. 전단지를 쥐어 주는 할머니가 바로 마티에드나 존슨이었다. 제목 아래에는 제2차 세계 대전 당시 군인들이 앓았던 성홍열을 비롯해 여러 질병의 치료약을 개발하는 과정에서 자신이 수행한 역할이 적혀 있었다. 자신이 미네소타 대학에서 진행된 미 육군 의료단의 페니실린 프로젝트에 참여한 유일한 간호사이자 실험실 테크니션이었다는 내용도 있었다. 또한 프로젝트의 단계별 진행 상황과 함께 자신이 찾아낸 곰팡이가 어떻게 '세기의 기적을 낳은 치료제'로 이어졌는지 설명하고 있었다. 존슨은 자신을 취재하는 기자에게 이렇게 말했다.

"성홍열 치료제를 그렇게 애타게 찾았던 데는 다 이유가 있었어요. 그건 내가 보살피던 아이가 성홍열을 앓다 내 품에서 죽었기 때문이에요. 아이가 얼마나 아픈지 몸을 제대로 가누지 못하고 엄청 떨었어요. (…) 그리고는 마지막 숨을 들이 쉬었고, 조용해지더니 자비롭게 죽음이 찾아왔어요. 그때 나는 앞으로는 어떤 아이도 엄마 품에서 성홍열로 죽지 않게 하겠다고 다짐했죠.”

당시 존슨의 나이는 여든세 살. 2년 후인 2003년, 그녀는 여든다섯 살에 세상을 떠났다.

숨겨진 영웅들, '히든 피겨스'

2017년에 개봉한 영화 〈히든 피겨스Hidden Figures〉는 천부적인 두뇌와 재능을 가진 흑인 여성들이 미국 최초의 우주궤도 비행 프로젝트팀에 선발되어 활동하는 이야기를 다뤘다. 1962년 머큐리 계획을 수행하던 미항공우주국NASA에서 있었던 실화를 바탕으로 한 영화인데, 흑인 여성들은 인간 컴퓨터로서 복잡한 계산을 담당했다. 영화에서는 흑인, 그리고 여성으로서 불편함과 불쾌함, 차별을 받는 장면들이 에피소드처럼 소개된다. 이를테면 흑인이기 때문에 바로 옆의 화장실을 두고 800미터나 떨어진 유색인종 전용 화장실을 이용해야 한다던가, 공용 커피포트를 이용할 수 없다거나, 여자이기 때문에 중요한 회의에 참석이 금지되거나 하는 것들이다. 결국은 그녀들의 활약으로 우주 비행 프로젝트가 성사되고 인정받는 것으로 영화는 끝난다. 현실에서도 영화의 주인공 세 사람은 나사와 IBM에서 중요한 역할을 맡으며 실력을 인정받았다고 한다.

미국의 작가 데이바 소벨이 쓴《유리 우주》는 1800년대 후반 하버드 천문대에 근무했던 여성 계산원을 다루고 있다. 당시에는 망원경으로 찍은 사진을 유리 건판에 남겨 분석했는데, 그 모습에 착안해 '유리 우주Glass Universe'란 제목을 지었다. 천문대에 고용된 여성 계산원들은 매일 밤마다 하늘을 보며 사진을 찍어야 했고, 낮에는 유리에 찍힌 별의 위치와 이동 속도, 밝기를 비교하고, 계산하고, 분석하고, 정리했다. 그들은 반복적이고 지루한 일을 하면서 변광성의 정체를 파악하고 별들을 분류하는 체계를 만들고, 하버드 천문대장 에드워드 피커링의 통찰력과 지도력에 힘입어 진짜 천문학자로 성장했다. 그중에서도 헨리에타 스완 레빗과 애니 점프 캐넌은 탁월한 성과를 올렸다. 세페이드 변광성의 주기와 밝기 사이에 관계가 있다는 것을 발견한 레빗은 노벨상 후보로도 추천되었다.

영화 〈히든 피겨스〉나 데이바 소벨의 《유리 우주》는 흑인 혹은 여성으로 과학 분야에 진입하는 것이 얼마나 힘든 일이었는지를 보여준다. 중요한 역할을 맡는 것도 쉬운 일이 아니었고, 성과를 인정받는 것은 더욱 어려운 일이었다. 지금도 그런 유리 천장은 굳건히 존재하지만, 그때는 지금과는 비교도 할 수 없을 정도로 낮고 단단했다.

항생제 개발의 초기 역사에도 그런 히든 피겨스가 존재한다. 항생제 개발에 크고 작은 공헌을 했으나 그들의 공헌만큼 공로를 인정받지 못하는 이들. 그런 이들은 남녀를 불문하고 적지 않지만, 특히 여성이라는 이유로 더 인정받지 못했던 이들이 있다. 이번 장에서는 그들에 관한 얘기를 해보려 한다.

2021년 노스이스턴 대학의 내털리 쉬블리는 "항생제 경쟁에서 잊힌 여성들"이란 글을 발표했다. 그 글에서 그녀는 세 명의 여성 과학자를 조명하고 있다. 엘리자베스 버기Elizabeth Bugie Gregory, 1920~2001, 마티에드나 존슨Mattiedna Johnson, 1918~2003, 밀드레드 렙스톡Mildred Rebstock, 1919~2011이 그들이다. 버기는 생화학자, 존슨은 간호사이자 실험실 테크니션, 렙스톡은 화학자였다.

엘리자베스 버기와 0.5퍼센트

이미 샤츠와 스트렙토마이신에 관한 얘기를 했지만, 다시 그 얘기를 해야 한다. 그 이야기에는 또 한 사람이 포함되어야 보다 진짜 역사에 가까워지기 때문이다(물론 그 이야기에 관련된 사람을 모두 포함하자면 한도 끝도 없을 것이지만). 바로 엘리자베스 버기라는 여성 과학자다. 샤츠와 왁스먼이 스트렙토마이신을 보고한 첫 논문은, 1944년《실험 및 생물의학 학회 회보 *Proceedings of the Society for Experimental and Biological Medicine*》에 실렸다. 그 논문의 저자는 3명이었다. 앨버트 샤츠가 제1 저자, 셀먼 왁스먼이 제3 저자이자 교신 저자, 그리고 둘 사이 중간에 들어가 있는 제2 저자가 바로 엘리자베스 버기였다. 버기는 샤츠의 실험 결과를 확인한 대학원생이자 연구원이었다.

왁스먼이 특허를 럿거스 대학 측과 함께 독차지했을 때 샤츠는 그 권리를 포기한다는 서명이라도 했다. 하지만 버기는 특허 신청서에 아예 이름이 없었다. 결핵에 효과가 있는 스트렙토마이신으로 막대한 이익이 생기면서 샤츠와 왁스먼, 럿거스 대학의 재단 사이에 분쟁이 생겼다는 얘기는 앞에서도 했다. 샤츠는 소송을 제기했고 결국은 스트렙토마이신의 공동 발견자로 인정 받아 로열티의 3퍼센트를 받는 것으로 금전적인 문제는 일단락되었다(아직 노벨상 수상 전이었다). 럿거스 대학 재단이 80퍼센트, 왁스먼이 10퍼센트를 받기로 했으니 7퍼센트가 남았는데, 그 7퍼센트는 버기를 비롯해 샤츠의 실험실에 있던 다른 14명의 연구원에게 분배되었다. 버기는 0.5퍼센트를 받았다.

스트렙토마이신 발견 당시 버기는 뉴저지 여자 대학[i]에서 미생물을 전공하여 졸업하고, 럿거스 대학 왁스먼의 실험실에 들어간 석사 과정 대학원생이었다. 1940년대에 여성이 생물학 분야 학위에 도전하는 것이 일반적인 상황은 아니었지만, 그 과정에 버기의 아버지가 중요한 역할을 했다. 철강회사를 설립하고 운영하던 버기의 아버지는 교육이야말로 성공적인 삶의 열쇠라고 믿었고, 자신의 아내가 얻지 못한 기회를 딸이 갖기를 원했다. 버기의 아버지는 무언가 만드는 것을 좋아했고, 기계가 어떻게 작동하는지 알기 위해 끊임없이 분해하곤 했는데, 그런 호기심과 도전 정신을 버기가 이어받았다. 당시에 공학이나 물리 분야가 여성에게 좀 더 호

---

i New Jersey College for Women, 현재는 더글라스 기숙대학(Douglass Residential College) 으로 이름이 바뀌어, 럿거스 대학의 일부로 합병되었다.

엘리자베스 버기

의적이었다면, 버기가 그 분야로 진출했을지 모른다고 버기의 딸이 말하기도 했다. 생물학은 그나마 당시 여성들이 진출할 수 있는 과학 분야라 여겨 버기가 선택한 것이었다.

버기는 2001년에 세상을 떠났다. 샤츠는 그녀의 부고가 실린 피츠버그의 한 신문에서 버기가 스트렙토마이신이 결핵에 유용하다는 발견에 중심적인 역할을 하지 않았기 때문에[ii] 특허에 등재되지 않았고, 스스로 그걸 인정하는 서명을 했다고 말했다. 하지만 버기의 딸이 들은 얘기는 그와 좀 달랐다. 자신의 어머니는 샤츠가 개인적으로 찾아와 당신은 나중에 결혼할 거니까 특허가 별로 중요하지 않을 거라고 말했다는 것이다. "만약 당시 여성의 권리가 지금처럼만 자리 잡았어도, 내 이름은 그 특허장에 들어 있을 거야"라는 말과 함께.

앞에서 얘기한 대로 버기는 스트렙토마이신 관련 첫 번째 논문의 두 번째 저자였지만 특허에서는 이름이 빠졌고, 샤츠의 소송에서도 왁스먼은 물론 샤츠도 버기의 역할을 단순히 실험 결과를 확인한 보조 연구원 이상으로는 인정하지 않았다. 하지만 왁스먼이 버기에게 샤츠의 실험 결과를 확인하고, 새로운 물질의 특성을 샤츠와 함께 밝히라고 했을 때는 버기의 능력을 인정하고 있었다고 볼 수밖에 없다. 샤츠는 스트렙토마이신을 혼자 발견했다고 주

[ii] 물론 버기의 이름은 스트렙토마이신이 결핵 치료에 유용하다는 사실을 밝힌 논문에서는 찾아볼 수 없다.

장하며 누구의 도움도 받지 않았다고 했지만, 적어도 버기와 관련해 그 말은 사실이 아닌 셈이다. 기록을 보면 버기도 왁스먼, 샤츠와 함께 1952년 노벨 생리의학상 후보로 추천된 것으로 나온다. 아마 그 사실을 버기는 몰랐던 것 같다. 앞에서 이야기한 대로 1952년 노벨 생리의학상은 왁스먼 단독 수상이었다.

사실 버기는 왁스먼의 실험실에서 중요한 역할을 담당하고 있었다. 그녀의 석사 학위 주제는 아스페르길루스 플라부스와 차에토미움 코클리오데스이라는 곰팡이에서 분리한 플라비신flavicin과 채토민chaetomin의 생산 최적화에 관한 것이었다. 이에 관해 두 편의 동료심사 논문을 발표하기도 했었다. 그러니까 그녀는 이미 항생물질 개발에 관한 전문가였던 것이다. 스트렙토마이신 개발 이후에는 세균에서 물질을 분리하고 특성을 연구를 계속했다. 럿거스 대학을 떠난 후에는 인근의 머크 연구소에 들어가 결핵균에 대한 항생제 효과를 평가하는 일을 했다. 럿거스 대학에서 곰팡이를 오랫동안 연구한 더글러스 에블리는 버기의 연구를 "초기 항생제 연구를 위한 탄탄한 기초 작업"이었다고 평가했다. 버기는 1950년 결혼 후에는 연구를 그만두었고 가정주부로 지내다 나중에 학교로 돌아가 도서관학을 공부했다.

그녀의 이름은 많은 문헌에 조용하게 기록되어 항생제 발견에 대한 그녀의 공헌을 이야기하고 있다. 버기의 딸, 아일린 그레고리는 미생물학을 전공하고 대학교수가 되었는데, 그녀는 이렇게 얘기했다.

"엄마는 당시 남성의 분야에 있었고, 그로 인해 많은 압박을 받았어요. 그건 대학원생에게는 정말 힘든 일이에요. 학점은 누가 주고, 학위는 또 누가 주나요? 하지만 엄마는 그 일 자체를 즐겼어요. 그게 전부이긴 하지만요."

마티에드나 존슨의 전투적 삶

샤츠와 버기를 비롯한 럿거스 대학의 연구원들이 스트렙토마이신으로 연구하고 있을 때, 미네소타 대학 식물병리학과의 한 연구실은 미국의 전시생산국War Production Board의 지원을 받아 페니실린 연구에 열중하고 있었다. 연구원 중에는 마티에드나 존슨이 있었다. 존슨은 원래 간호사였으나 실험실 테크니션[iii]으로 연구에 참여하고 있었다. 그녀는 페니실린 연구가 끝난 후 미네소타 대학의 연구실을 나와 간호사로 돌아갔는데, 나중에는 전미 흑인 간호사협회를 공동 창립하기도 했다.

페니실린 프로젝트를 진행하는 동안 그녀는 일기를 꼬박꼬박 썼고, 나중에 자비 출판을 하기도 했다. 그녀는 미네소타 연구실에

[iii] 보통 과학 연구실에서 박사 학위가 없는 연구원을 말하며, 독립적인 프로젝트를 수행할 때도 있지만 상위의 연구원을 보조하는 경우가 많다.

서 자신이 한 역할에 대해 지역 신문에 알렸지만, 실험실에서 일하는 유일한 아프리카계 미국인이면서 유일하게 공식적으로 훈련받은 실험실 테크니션이라는 자신의 독특한 위치에 대해서는 많은 부분이 신문에서는 잘려져 나갔다고 일기에서 밝히기도 했다.

존슨의 얘기는 테트라사이클린 계열 항생제에 관한 것인데, 넓게 보면 독시사이클린이라는 항생제로 이어진 옥시테트라사이클린의 개발에 관련된 이야기이기도 하다.

테트라사이클린은 벤저민 더거의 이야기에서 이미 한번 다루었다. 테트라사이클린 계열의 항생제에는 크게 두 개의 효시 물질이 있는데, 그중 하나가 1945년에 더거가 개발한 클로르테트라사이클린이고, 또 하나는 1950년에 스트렙토미세스 리모수스 *Streptomyces rimosus*에서 찾은 옥시테트라사이클린이다. 이 옥시테트라사이클린은 테라마이신이라는 상표명으로 출시되었는데, 지금도 안과 감염병에 많이 처방되는 항생제다. 바로 테라마이신이 지금 얘기하려는 마티에드나 존슨과 관련이 있다.

미네소타 대학의 실험실은 곰팡이에서 나오는 페니실린을 연구하고 있었기 때문에, 항생제를 많이 만들어 내는 곰팡이를 찾느라 한쪽 구석에는 언제나 토양 샘플과 썩은 농산물이 가득 차 있었다. 존슨이 한 일은 감자나 토마토, 땅콩호박butternut squash에서 추출한 물질을 세균에 적용해 보는 것이었다. 그녀는 아칸소의 농장에서 자란 곰팡이와 식물을 다루는 방법을 잘 알고 있었고, 간호사였기에 감염병과 오염에 대처할 수 있는 준비가 충분히 되어 있다테트라사이클린 계열 항생제에는 클로르테트라사이클린과 독시테트라사이클린이라는 2개의 출발 물질이 있다. 《항생제와 화학 요법의 50년, 1961~2010(50 Years of ICAAC, 1961-2010)》을 참고했다.

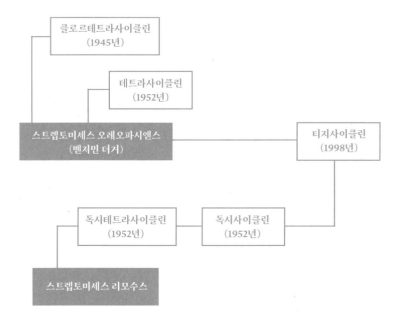

고 스스로 믿고 있었다.

어느 날 실험실의 한 연구원이 곰팡이 포자가 가득 든 토마토 수프를 가져왔는데, 존슨이 몇 가지 실험을 해보니 그게 항생제가 될 만한 물질을 만들어 낸다고 확인했다는 것이다. 그녀는 포자가 '끔찍한 생쥐terrible mice'와 닮았다고 설명했다. 그녀는 곰팡이 샘플을 성홍열을 일으키는 용혈연쇄상구균Streptococcus hemolyticus에 테스트해 보았고, 심지어 자신의 혈액과도 섞어 보았다. 그녀는 결과가 무척 고무적이라고 생각했지만, 다른 연구원들은 별로 관심이 없었다고 했다.

그런데 실험실에는 프로젝트 도중에 파크-데이비스Parke-Davis[iv]에서 합류한 존 에를리히라는 과학자가 있었다. 존슨은 에를리히를 연구에 전혀 도움이 되지 않는 "허구한 날 짜증만 내는 사람"이라고 묘사할 정도로 싫어했는데, 그가 진짜 의사인지가 궁금할 정도로 너무 많은 질문을 해댔다고 기억했다(그런데 그는 하버드에서 식물학으로 박사 학위를 받았다). 그녀에 따르면, 자신이 에를리히에게 '끔찍한 생쥐'가 들어 있는 더러운 시험관을 건네면서, 그것이 용혈연쇄상구균에 효과가 있다고 말했다고 한다. 그리고 아이들 입맛에 맞게 페퍼민트 시럽에 넣을 것을 추천한다는 말도 덧붙였다고 했다. 그녀는 에를리히가 그 샘플을 주머니에 넣었는데,

i 1866년에 세워진 미국의 제약회사로, 20세기 중반에는 미국에서 가장 규모가 큰 제약회사 중 하나로, 백신 개발에 큰 역할을 했다. 2000년에 화이자에 합병되었다.

그는 이미 그때 자신이 '특별한 계획'을 가지고 있다고 말했다고 기억했다. 그 후 존슨은 그 샘플에 관해 어떤 소식도 듣지 못했다고 한다.

존슨은 이 샘플에서 나중에 테라마이신, 즉 옥시테트라사이클린이라는 항생제의 발견이 이루어졌다고 믿었다. 존 에를리히가 테라마이신 개발에 관여했다고 생각했고, 그녀가 샘플을 두고 '끔찍한 생쥐'라 부른 것이 항생제 이름을 짓는 데도 영감을 줬다고 여겼다. 또한 테라마이신 시럽 역시 자신이 페퍼민트 맛을 추천한 데서 비롯되었다고 믿었다. 그녀는 실험실에서 보낸 시간에 대한 자신의 기억은 "오직 신만이 안다"는 말로 마무리했다. 이후 시간이 지나서 1985년과 2017년 클리블랜드의 지역 신문의 기사는 그녀의 그런 의심을 반복해서 언급하기도 했다.

그런데 테라마이신의 기원에 대한 존슨의 주장은 부정확한 면이 있다. 테라마이신은 에를리히가 있던 파크-데이비스에서 개발한 게 아니었다. 화이자가 인디애나주 테러호트Terre Haute의 토양 샘플에서 테라마이신을 분리해 1949년에 특허를 신청했다. 에를리히는 그 일에 관여한 바가 없었다. 당시는 여러 기업이 새로운 항생제를 찾기 위해 경쟁을 벌이던 시기였다. 테라마이신이 진짜 존슨이 미네소타 대학의 실험실에서 일하던 1944년에 발견되었다면 회사가 특허를 신청한다고 5년이나 묵혀두었을 리가 없었다.

마티에드나 존슨은 1918년 4월 미시시피에서 소작인의 다섯 번째 딸로 태어났다. 저체중으로 태어나 그녀의 아버지는 자신이 봉사하는 삶을 살 테니 자신의 딸에게 건강한 삶을 달라는 기도를 많이 했다고 한다. 그리고 딸이 의료와 관련된 분야에서 경력을 쌓도록 했다. 아버지의 원래 바람은 딸이 아프리카에서 의료 선교사가 되는 것이었다. 결국 그녀는 아버지의 바람대로 아프리카에서 간호사로 의료 봉사를 했다.

존슨은 테네시주 멤피스의 간호학교를 졸업하고, 미주리주 세인트루이스에 있는 호머 필립스 병원에서 간호사 면허를 취득했다. 1945년에는 미네소타주 미니애폴리스에 있는 노스웨스트 의료공학연구소에서 의료기술 프로그램을 이수했다. 나중에는 미국 적십자에서 응급 처치와 재난 간호에 관한 교육 자격증을 받았고, 의료 선교사 자격도 취득했다.

자신이 새로운 항생제를 발견했다는 믿음은 어쩌면 존슨이 자신의 전문성과 실험실에서의 공로가 페니실린 프로젝트가 이뤄지던 때는 물론 그후 수십 년 동안 인정받지 못했다는 생각에서 비롯되었다고 볼 수 있다. 그녀의 일기와 자서전은 1980년에 출판되었는데, 제2차 세계 대전 동안 흑인 여성이 실험실 테크니션으로 일했던 자신의 경험을 기록하고 있다. 존슨은 자신의 역할을 조금 과장되게 말하기는 했지만, 전쟁 중에 중요한 연구 프로젝트에서 자신이 수행하고 기여한 활동이 기억되기를 원했다.

존슨은 자신이 테라마이신에 관해서는 물론이고 자신의 능력과 경험, 공헌에 걸맞는 인정을 제대로 받지 못했다고 믿었다. 그녀의 경험과 인식은 연구원이 성별, 인종, 직업적 위계 질서에 의해 불리한 위치에 있을 때 실험실의 발견 성과에 대한 기여를 충분히 받기 힘든 상황을 반영한다고 볼 수 있다.

간호사로 돌아간 마티에드나 존슨은 인종차별과 싸웠다. 1961년 그녀는 미국 간호사협회와 주 간호사협회의 회원으로 클리블랜드 간호사협회에 회비를 납부하고 있는데도 흑인이라는 이유로 등록이 거부되었다며 공개적으로 항의했다. 이후 1971년 11명의 다른 흑인 간호사와 함께 전미 흑인 간호사협회를 창설한다. 그녀는 이 단체의 첫 총무로 활동했다.

밀드레드 렙스톡, 예쁜 영광과 단단한 차별

존슨과 함께(?) 일했던 에를리히는 파크-데이비스에서 1947년 테라마이신이 아니라 또 다른 항생제인 클로람페니콜의 개발에 관여했다. 클로로마이세틴이라는 이름으로 출시된 이 항생제는 발진티푸스와 장티푸스를 비롯한 많은 감염병에 효과가 있었다. 그리고 2년 후 파크-데이비스는 28살의 화학 박사 밀드레드 렙스톡이 클로람페니콜을 합성하는 방법을 알아내 이 항생제를 대량 생산할 수 있게 되었다고 발표했다. 이 이야기는 《타임》, 《뉴욕 타임스》, 《시카고 트리뷴》, 《워싱턴 포스트》 등 유수의 신문에 실렸고, 렙스톡은 해리 트루먼 대통령이 수여하는 상을 비롯하여 많은 상을 탔다. 신문 기사들은 클로람페니콜의 합성을 대단히 중요한 사건으로 취급했고, 그 일이 이루어진 과정을 자세히 보도했다.

가톨릭대 유진홍 교수는 《항생제 열전》에서 클로람페니콜에 대한 장을 '화양연화花樣年華'라는 말로 시작한다. 화려하게 등장해서 짧은 전성기를 보내고 빠르게 잊혔다는 의미다.

클로람페니콜은 1947년 예일 대학의 식물학자 폴 버크홀더에 의해 역시 방선균인 스트렙토미세스 베네주엘라에Streptomyces venezuelae^v에서 추출되었다. 이 세균은 이름 그대로 베네수엘라의 카라카스 인근의 밭에서 채취하여 분리한 것이었다. 1948년에는 파크-데이비스와 협력 관계에 있던 일리노이 대학 어바나 캠퍼스의 원예 농장에 있는 퇴비 토양에서 분리한 방선균에서 클로람페니콜을 추출하기도 했다.

클로람페니콜 역시 아미노글리코사이드나 테트라사이클린처럼 단백질 합성을 방해한다. 세균의 리보솜 대단위체(50S)에 결합해서 폴리펩타이드가 만들어지는 것을 막는다. 클로람페니콜은 당시 나온 항생제 중에서 가장 넓은 범위에 걸쳐 치료 효과를 나타냈다. 딱 이 말만 들으면 좋은 의미인 것 같지만, 사실 이 말은 이것저것 가릴 것 없이 무차별적으로 공격한다는 말과 같은 말이다. 즉 사람에게도 영향을 줄 수 있다는 말이다. 클로람페니콜에 들어 있

---

v 클로람페니콜을 처음 추출할 때는 이름이 없었는데, 이 방선균에 다음 해(1948년)에 학명을 지어 주고 발표한 사람이 바로 존 에를리히였다.

는 니트로벤젠 고리는 암을 유발하거나 인체의 여러 기관을 공격할 수 있고, 아세트아마이드 역시 고리에서 떨어져 나오면 대사되어 암 유발 물질로 돌변할 수 있다. 그래서 초기에는 많이 쓰였지만, 부작용이 많이 보고되고 더 나은 항생제가 나오면서 점차 쓰이지 않게 되었다. 지금은 임상에서 아주 특수한 경우를 제외하고는 사용하지 않는 항생제다.

항생제를 곰팡이나 방선균에서 추출하는 게 아니라 화학적으로 합성할 수 있다면 굉장한 이점이 있다. 항생제를 많이 얻으려면 곰팡이나 방선균을 대량으로 배양해야 한다. 그런데 미생물을 대량으로 키워낸다는 것은 실험실에서 페트리 접시나 작은 플라스크에서 액체 배양하는 것과는 아예 프로세스 자체가 다르다. 당연히 시설도 훨씬 커야 하고, 규모가 커진 만큼 오염도 더 철저히 관리해야 하고, 품질을 높은 수준으로 일정하게 관리하는 것도 쉽지 않다. 하지만 화학적으로 합성하게 되면 이런 모든 문제를 해결할 수 있다. 그래서 많은 제약회사와 연구실에서 곰팡이나 방선균에서 얻을 수 있는 항생제를 화학적으로 합성하는 방법을 연구하고 있던 것이다.

그런데 클로람페니콜을 화학적으로 합성하는 방법을 알아냈다는 발견 자체보다 젊은 여성 과학자에 의해 이뤄졌다는 게 더 큰 뉴스거리가 되었다. 렙스톡은 박사 학위를 가진 화학자로 항생제 연구에 참여했던 다른 많은 여성 대학원생이나 실험실 테크니션(예를 들어 엘리자베스 버기나 마티에드나 존슨)보다 더 높은 지위에 있었다. 렙스톡 이전에는 많은 신문 기사가 항생제 개발에서 여성 과학자의 역할을 축소해서 다뤘는데, 이런 상황은 미국의 화학자 가운데 단 7퍼센트만이 여성이라는 사실과 맞물려 "28세의 예쁜 밀드레드 렙스톡 박사"와 같이 과학자 자체가 아니라 나이와 여성성을 강조하는 편향된 보도로 이어졌다.

밀드레드 렙스톡은 1919년 11월 인디애나주 엘크하트에서 태어났다. 10살 무렵부터 과학에 관심을 보여 집 지하실에 화학 실험실을 차려놓고 동생들을 조수로 고용하기도 했다고 한다. 노스 센트럴 칼리지North Central College를 졸업하고 어바나 소재 일리노이 대학 화학과에서 박사 학위를 받았다. 이때 그녀의 학위 주제는 아스코르브산, 즉 비타민 C와 관련된 것이었다. 우연일지도 모르고, 당연할지도 모르지만 렙스톡이 화학 합성을 공부하고 학위를 취득한 곳이 바로 클로람페니콜이 추출된 곳 근처였다.

박사 학위를 취득하고 렙스톡은 지도 교수인 레온 스위트의 추천으로 디트로이트에 있는 파크-데이비스의 연구 부서에 들어갔다. 그녀는 처음에는 샤츠와 왁스먼이 발견한 스트렙토마이신에서 새로운 항생제를 유도해내는 연구를 했다. 그 사이에 파크-데이비스는 클로람페니콜을 발견해 냈다. 회사에서는 이 새로운 항생제의 생산 규모를 키우고 싶었고 여기에서 더 강력한 항생제를 만들어 내는 데 초점을 모았다. 이에 따라 렙스톡도 클로람페니콜 연구 프로젝트에 합류했다.

클로람페니콜 프로젝트팀은 해리 크룩스가 이끌었다. 연구가

밀드레드 렙스톡

시작되고 얼마 안 돼 다른 연구원이 약물을 합성해 냈다고 했지만, 실험해 보니 항균 활성이 없었고 원자 배열도 잘못된 것으로 밝혀졌다. 그래서 이 임무가 렙스톡으로 넘어왔다. 그리고 그녀는 성공했다. 물론 연구진의 팀워크가 중요했겠지만, 렙스톡의 역할이 결정적이었다는 것은 여러 기록으로 증명되고 있다.

파크-데이비스는 1949년 3월 26일 클로람페니콜의 합성에 성공했다고 공개적으로 발표했다. 당시 한 언론의 기사 제목은 '발진티푸스 정복, 밀드레드 렙스톡 박사에 의해 처음으로 클로람페니콜 합성'이었다. 이때는 이미 사람을 대상으로 한 임상 시험이 끝난 상황이었다. 파크-데이비스는 1949년 말 이 항생제를 출시했고, 3년 동안 판매액만 1억 2000만 달러에 달했다.

클로람페니콜 합성은 렙스톡에게 많은 영예를 안겨 주었다. 1949년에 람다카파시그마 국제 제약 협회의 명예회원이 되었고, '엘리너 루스벨트 오늘의 여성상'을 받았으며, 1950년에는 앞서 얘기한 대로 해리 트루먼 대통령이 전국 여성 언론 클럽이 선정한 '오늘의 여성상'을 렙스톡에게 직접 수여했다. 1959년에는 모교인 노스 센트럴 칼리지에서 '뛰어난 졸업생'으로 선정되었다.

렙스톡은 각계에서 인정받았고 회사는 엄청난 경제적 수익을 올렸지만, 회사 내에서 렙스톡의 입지는 그렇게 유리하게 돌아가지 않았다. 그녀는 클로람페니콜 합성법을 발견하고 십년이 지난 후에야 파크-데이비스의 연구 리더로 승진했다. 그녀의 연구는 회사에 막대한 이득을 가져다준 것이었고, 회사의 좋은 이미지를 구축하는데 그녀가 이용되었다. 하지만 그게 그녀의 회사 내 지위에는 큰 영향을 끼치지 못했다. 1977년 은퇴할 때까지 그 지위를 유지하면서 병든 어머니를 돌봤는데, 초기 항생제 연구 이후 그녀의 주요 연구 주제는 혈액-지질제와 불임약을 합성하는 것이었다. 은퇴 후에는 미시간주 앤아버에서 교회 활동을 하고 정원을 가꾸고 수채화를 그리며 지내다 91세의 나이로 세상을 떠났다. 밴더빌트 대학의 감염내과 교수이자 그녀의 이웃이던 데이비드 애러노프는 렙스톡을 온화하고 겸손하며 친절한 이웃으로 기억하고 있다. 그녀는 자신의 집에 '클로로마이세틴 250mg 재결정'이라고 손글씨로 쓴 라벨이 붙은 갈색 유리병을 보관하고 있었다고 한다. 그녀가 그 일을 얼마나 자랑스러워했는지 알 수 있다.

여성 연구원에게는 종종 그렇지 않았다

항생제는 의학에 혁명을 일으켰지만, 그것을 개발한 연구자 모두에게 영광과 돈을 안겨 준 것은 아니었다. 엘리자베스 버기는 샤츠의 소송 이후에 약간의 보상만 받았을 뿐 자신의 역할을 인정받지 못했고, 마티에드나 존슨은 흑인 테크니션이자 간호사로서 페니실린 연구에 참여한 자신의 역할이 제대로 인정받지 못하자, 자신이 새로운 항생제를 발견했다는 (아마도 잘못된) 확신을 갖고 그 믿음을 입증하는 데 인생의 많은 시간을 보냈다. 밀드레드 렙스톡은 자신의 연구가 즉시 주목받고 많은 상을 받았지만, 회사는 충분한 보상과 승진을 해주지 않았다.

항생제 개발에서 활약한 세 명의 '히든 피겨스'를 다룬 내털리 쉬블리의 글은 이렇게 끝이 난다.

"새로운 항생제는 제약회사의 운명을 바꿔 놓을 수 있었다. 하지만 여성 연구원에게 그런 일은 거의 일어나지 않았다."

11장

사소한 연구는
없다

최초의 항진균제, 니스타틴
엘리자베스 헤이즌, 레이첼 브라운

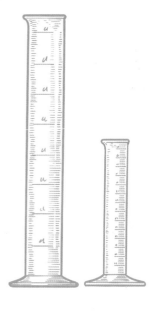

1975년 6월, 한 사람이 먼저 가다

여든을 앞둔 뉴욕의 레이첼 브라운에게 안타까운 소식이 전해졌다. 수십 년 동안 함께 연구한 공동 연구자이자 친구인 엘리자베스 헤이즌이 시애틀의 요양원에서 숨을 거뒀다. 2년 전 아픈 여동생을 보러 간다고 떠났는데, 결국 뉴욕으로 돌아오지 못하고 그곳에서 생을 마감한 것이다. 그녀의 눈앞에 엘리자베스와 함께 한 나날이 스쳐 갔다.

엘리자베스가 죽다니. 아흔이 다 되었으니, 이제 아쉬울 것도 없긴 하지만, 그래도 ….

엘리자베스를 처음 만난 날이 아직도 생생한데 벌써 삼십 년이 지났네. 그가 나를 찾아왔을 때 정말 깜짝 놀랐지. 그때 나는 보조 연구자의 딱지를 겨우 뗀 상태였지만, 그녀는 이미 이름이 꽤 알려져 있었거든. 여성 과학자가 정말 몇 명 없었지. 그런 그녀가 내가 필요하다고, 함께 해 보자고 했을 때 난 얼마나 좋았는지 몰라. 이제 진짜 연구를 하는구나 싶었지. 정말 필요한 연구였지만, 아무도 관심이 없었고, 그래서 누구도 해낸 사람이 없었으니까.

우리는 환상의 팀이었어. 그녀가 보낸 샘플을 받을 때마다 설렜고, 내가 작업한 물질을 보낼 때마다 뿌듯했지. 실패라는 소식에 언제나 실망했지만, 우리 중 누구도 포기하지 않았어. 그렇게 몇년이었지? 꼬박 삼년인가? 그리고 그 순간을 어떻게 잊을 수 있겠어? "곰팡이가 깨끗이 사라졌고, 생쥐는 멀쩡해."

우리는 그 약을 찾고 나서도 계속 일을 했어. 돈 갖고 싸우지도 않았고. 우리 같이 힘들게 일하는 여성을 돕는 재단과 기금을 만들자는 얘기는 누가 먼저 했더라? 사연도 많고 힘도 들었지만, 그래도 우리는 언제나 한 팀이었어.

엘리자베스의 사망 소식을 듣고 5년 후 레이첼 브라운도 세상을 떠났다.

점점 심각해지는 곰팡이 감염

세균이나 바이러스만 감염병을 일으키는 게 아니다. 말라리아와 같은 원생생물에 의한 감염병도 있고, 곰팡이와 같은 진균眞菌, fungi에 의한 감염병도 있다. 곰팡이는 지구상 거의 모든 곳에 있다고 해도 지나친 말이 아니다. 특히 모든 토양과 식물에 기생 혹은 부생腐生하며 번성하는데, 그 얘기는 사람들이 쉽게, 그리고 자주 노출될 수 있다는 얘기다. 진균이 일으키는 감염은 심각하지 않은 질병인 경우가 많다. 대표적으로 무좀이나 백선 같은 것이다. 내보이기 부끄러울 뿐이지 그것으로 심각한 상황에 이르는 경우는 별로 없다. 진균에 의한 질병 중 가장 흔하게 볼 수 있는 여드름도 그렇다.

하지만 일단 병원성 진균이 체내의 림프계로 들어가면 순환계를 통해 전신으로 퍼지면서 치료가 쉽지 않은 감염병을 일으킨다. 최근 들어서는 진균 감염이 더욱 주목받고 있는데, 장기 이식을 받은 사람이나 화상 환자, 화학 요법을 받은 사람, 에이즈 환자 등 면역력이 떨어진 사람들은 진균 감염에 훨씬 더 취약하기 때문이다. 이렇게 진균 감염은 인간에게 끔찍한 질병을 일으킬 수 있지만, 1950년 이전에는 진균 감염을 치료할 효과적인 의약품 자체가 없었다.

사실 지금도 세균을 죽이는 항균제에 비해 곰팡이를 죽이는 항진균제antifungal agent는 그 종류가 많지 않다. 2000년대 들어오면서 항생제 연구와 개발 동력이 급격히 떨어지고 있어 우려의 목소리가 있지만, 항진균제에 대해서는 그 이전부터 개발 인력과 자금이 항생제와 비교할 수 없을 정도로 적었다.

우선 항진균제는 개발 자체가 쉽지 않다. 세균은 사람과 세포 구조가 크게 다른 원핵생물이라 표적으로 삼을 만한 구조나 생리 과정이 많은 편이다. 하지만 곰팡이를 비롯한 진균은 사람과 같은 진핵생물이다. 사람과 세균, 곰팡이를 놓고 보면 세균보다 곰팡이가 사람과 훨씬 가까운 존재라는 얘기다. 그래서 곰팡이를 죽인다고 곰팡이에 독성이 있는 물질을 찾으면 숙주인 사람에게도 독성이 있을 가능성이 매우 크다. 게다가 진균은 일반적으로 천천히 자라고, 또 다세포 생물이라 정량화도 쉽지 않다. 그러다 보니 약으로 발전할 만한 항진균 물질을 개발하더라도 시험관 내 혹은 생체 내 특성을 평가할 수 있는 실험을 설계하는 것이 매우 복잡하다.

그리고 이런 과학적인 문제말고 다른 측면도 살펴 봐야 한다. 진짜 심각한 진균 감염은 세균 감염에 비해 걸리는 빈도가 훨씬 낮다. 약을 많이 팔아야 하는 제약회사 입장에서는 항생제도 그렇지만, 항진균제는 더 돈이 되질 않는다. 그러니 항진균제 개발은 더 딜 수밖에 없고, 더더욱 찬밥일 수밖에 없다. 한 가지 다행인 것은 항진균제가 내성이 쉽게 생기거나 퍼지는 것 같지는 않다는 점이다. 그렇지만 앞서도 얘기했듯 진균 감염 역시 위험한 상황까지 갈 수 있고, 여러 이유로 면역 억제제를 쓰는 경우가 많아지면서 진균 감염이 증가하고 있기 때문에 다양한 종류의 항진균제 개발은 반드시 필요하다.

　최초의 항진균제 개발의 주역은 놀랍게도 두 명의 여성 과학자다. 여기서 '놀랍게도'란 말이 여성에 대한 편견으로 보인다는 것 잘 안다. 하지만 당시의 시대 상황으로 봤을 때, 남성이 아닌 여성이, 그것도 혼자가 아닌 두 명이 공동으로 의약품 개발의 주역이었다는 것은 분명 특별한 일이었다. 우리는 20세기 중반 항생제 개발에 큰 업적을 쌓은 여성 과학자가 제대로 인정과 보상을 받지 못하고 잊혀진 사례를 바로 앞에서 살펴 보았다. 1950년 최초의 항진균제를 찾아낸 두 명의 여성 과학자는 바로 엘리자베스 헤이즌Elizabeth "Lee" Hazen, 1885~1975과 레이첼 브라운Rachel Fuller Brown, 1898~1980이었고, 그들이 발견한 항진균제의 이름은 니스타틴nystatin이다.

다양한 항진균제

　헤이즌과 브라운, 그리고 그들이 발견한 니스타틴이라는 항진균제에 관해 이야기하기 전에 우선 항진균제 전반에 대해 조금만 알아보자. 우선 항진균제도 여러 계열로 나눌 수 있는데, 사람마다 나누는 방식이 조금씩 다르지만, 보통 폴리엔polyenes, 아졸 azoles, 알릴아민allylamines, 에키노칸딘echinocandins 계열로 구분하고, 여기에 항대사물질anti-metabolite을 넣기도 한다.

폴리엔 계열의 항진균제는 세포막에 들어가 작용한다. 폴리엔polyene은 말 그대로 이중결합-ene이 적어도 세 개 이상poly-이 들어 있는 유기 화합물을 통칭하여 부르는 말이다. 우리가 많이 들어본, 당근이나 오렌지와 같은 과일에 많은 베타카로틴이 바로 폴리엔이다. 사람을 포함한 동물이나 식물, 그리고 진균이 속해 있는 진핵생물의 세포막은 대부분 스테롤sterol이라는 지질이 주성분이다. 사람에게는 스테롤 중 콜레스테롤cholesterol이 있고, 진균에게는 에르고스테롤ergosterol이 있다. 폴리엔 계열의 항진균제는 진균의 세포막에 있는 에르고스테롤에 결합해 세포막의 투과성을 변화시켜 세포 내부의 내용물이 밖으로 누출되게 만들어 세포를 파괴한다. 물론 이들 항진균제는 결합력은 좀 떨어지지만 콜레스테롤에도 일부 결합할 수 있어서 사람에게 독성을 나타낼 수가 있다.

폴리엔 계열 항진균제의 대표적인 예는 암포테리신 Bampho-tericin B로, 현재 가장 널리 쓰이는 항진균제 중 하나다. 이 물질은 1955년 미국의 제약회사인 스퀴브의 연구소Squibb Institute for Medical Research에서 베네수엘라 오리노코 강 인근의 토양에서 채취한 스트렙토미세스 노도수스Streptomyces nodosus라는 방선균에서 처음으로 추출하였다. 헤이즌과 브라운이 발견한 최초의 항진균제 니스타틴도 바로 이 폴리엔 계열의 항생제다.

암포테리신 B(위)와 니스타틴의 구조. 이 두 분자의 구조는 매우 비슷하다.
니스타틴에서 점선으로 표시한 부분이 다를 뿐이다.

암포테리신 B

니스타틴

아졸 계열의 항진균제는 2개 혹은 3개의 질소 원자를 포함하는 5원자 고리를 갖는 게 특징이다. 폴리엔 계열의 항진균제가 에르고스테롤을 표적으로 한다고 했는데, 아졸 계열 항진균제도 마찬가지로 에르고스테롤이 표적이다. 하지만 직접 에르고스테롤에 결합하는 게 아니라 라노스테롤이 에르고스테롤로 전환하는 반응을 촉매하는 효소의 작용을 방해하여 에르고스테롤의 생합성을 막는다. 가장 많은 종류의 항진균제가 바로 여기에 속한다.

알릴아민 계열의 항진균제는 종류가 많지 않다. 이 계열의 항진균제 역시 에르고스테롤의 생합성 과정을 막는다. 알릴아민은 스쿠알렌을 라노스테롤로 전환하는 효소의 작용을 방해하여 에르고스테롤의 생합성을 막는다. 무좀 치료약에서 많이 보았을 테르비나핀이 대표적인 알릴아민 계열의 항진균제다.

에키노칸딘 계열의 항진균제는 다른 항진균제에 비해 최근에 개발되었다. 이 항진균제는 작용하는 표적이 다른 항진균제와 완전히 다르다. 직접 결합하든 생합성 과정이든 세포막의 에르고스테롤과 관련이 없다. 대신 이 계열의 항진균제는 세포벽을 목표로 한다. 진균의 세포벽에는 세균과 달리 $1,3-\beta$-글루칸이란 물질이 포함되어 있는데, 에키노칸딘은 이 물질 합성에 관여하는 글루칸 합성효소의 작용을 방해한다. 애니듈라펀진, 캐스포펀진, 미카펀진 같은 항진균제가 여기에 속한다.

또 한 가지를 보태면, 항대사물질이 있는데, 대표적인 것이 플루사이토신(5-플루오로사이토신)이다. 1957년 항암물질을 찾는 과정에서 발견된 이 항진균제의 구조를 보면, DNA를 구성하는 염기 중 하나인 사이토신에서 수소 하나가 플루오린으로 바뀌어 있다. 이렇게 구조가 매우 비슷하다 보니, DNA가 복제될 때 사이토신 대신 플루사이토신이 DNA에 끼어 들어가면서 전사 과정에 오류가 발생한다. 당연히 제대로 된 단백질이 합성되지 않으니 진균은 생장을 할 수 없다. 그런데 이 플루사이토신은 항진균 활성이 강하지 않고, 내성도 잘 생기는 편이라 다른 항진균제와 함께 사용되는 경우가 많다.

최초의 항진균제, 니스타틴

그럼 이제 최초의 항진균제인 니스타틴이 어떻게 발견되고 개발되었는지 알아 보자.

컬럼비아 대학에서 세균학 전공으로 박사 학위를 받은 엘리자베스 헤이즌은 1930년대 초반부터 뉴욕시 보건과 소속의 연구소에서 일하고 있었다. 뉴욕은 유럽을 비롯한 전 세계에서 미국으로 들어 오는 이민의 통로였고, 전쟁 중에는 수많은 물자와 병사가 이곳 항구를 거쳐 갔다. 많은 사람들이 오고 가면서 세균뿐 아니라 진균에 감염되는 이들이 많아졌지만, 치료할 약이 없었다. 진균 감염을 치료하는 방법을 찾으라는 임무가 헤이즌에게 맡겨졌다. 그녀는 토양 샘플에서 방선균을 분리한 후 대표적인 병원성 진균인 칸디다 알비칸스*Candida albicans*와 크립토코쿠스 네오포르만스*Crytococcus neoformans*를 죽일 수 있는지를 반복해서 시험했다. 효과가 있는 것으로 보이는 샘플이 있으면, 지금도 우리가 흔히 쓰는 식품 저장용 유리병에 넣어 올버니에 있는 레이첼 브라운에게 소포로 보냈다. 브라운은 세균 배양액에서 활성 성분을 추출하는 능력이 뛰어난 유기 화학자였다.

브라운은 헤이즌이 보낸 샘플을 정제해서 동물 실험에 쓸 수 있는 형태로 만들어 다시 헤이즌에게 보냈다. 그들은 서로 너무나도 잘 맞는 연구 파트너였다. 미국의 우편 시스템은 놀라울 정도로 효율적이었다. 삼년간 수천 개의 샘플을 테스트할 수 있었다. 하지만 좌절의 연속이었다. 시험관에서는 효과가 있는 물질이 동물에는 독성을 보여 약으로 쓸 수가 없었다. 항진균제를 개발에 따르는 어려움이 그대로 나타났던 것이다.

그렇게 실패가 계속되다 마침내 진균에 대한 살상 효과가 뛰어나면서도 동물에는 독성이 거의 없는 물질을 발견했다. 헤이즌은 자신이 갈 수 있는 온갖 숲과 밭, 정원의 토양뿐 아니라 퇴비, 이탄泥炭, 거름에서 세균을 분리하고 항진균 활성을 조사했다. 그러다 결국 그가 찾는 세균은 다름 아닌 자신의 친한 친구 정원에서 채취한 흙에서 찾을 수 있었다. 페니실린을 대량 생산하는 데 효율적인 균주가 연구소 근처에 있었던 것처럼, 최초의 항진균제를 탄생시킨 흙도 알고 보니 멀리서 찾을 필요가 없었다. '등잔 밑

이 어둡다'는 말처럼 등잔불이 비춘 밝은 곳을 다 찾고 나서야 등
잔 밑을 볼 생각이 나는 것은 만고불변의 일인지. 그렇게 헤이즌
은 그 물질을 만들어 내는 방선균의 이름을 스트렙토미세스 누르
세이Streptomyces noursei라고 지었다. 그 친구의 이름이 윌리엄 너스
William Nourse였다.

헤이즌과 브라운은 1950년 미국 국립과학원 뉴욕 회의에서
자신들의 연구 결과를 발표했다. 1954년에는 자신들이 찾아낸 최
초의 항진균제 No.48240에 니스타틴nystatin이라는 이름을 붙였
다.[i] 자신들이 일하고 있는 뉴욕시와 올버니가 속한 뉴욕주New York
State에서 가져온 이름이었다. 공동 연구를 통해 성공하면 서로 틀
어지기도 하는데, 이 두 사람은 그렇지 않았다. 그들은 과학과 과
학에 진출하는 여성을 위한 신탁 기금을 공동으로 설립하고 니스
타틴의 로열티 1300만 달러를 기부했다. 그들은 그후로도 평생 동
안 공동으로 연구했고, 두 개의 항생제를 더 발견했다.

---

i 처음에는 균류(fungi)를 죽인다는 의미의 '펀지시딘(fungicidin)'이라는 이름을 붙였다.
하지만 이 이름은 이미 사용되는 명칭이라 포기하고 바로 다른 이름을 생각했다고 한다.

곰팡이가 피지 않게 하라

니스타틴은 폴리엔 계열의 항진균제다. 오래전에 개발되었지
만 지금도 기저귀 발진이나 아구창, 식도 칸디다증, 질염증 등과
같은 칸디다의 감염 치료에 주로 쓰인다. 부작용 때문에 지금은 전
신 치료에는 쓰지 않고, 먹거나, 질 내에 주입하거나, 피부에 바르
는 방식으로 사용된다.

니스타틴에는 칸디다 감염 치료 외에도 독특한 쓰임새가 있
다. 바로 손상된 예술품을 복원하는 데 쓰였던 것이다. 가장 유명
한 예로는 1966년 이탈리아 피렌체 인근 아르노강이 범람해서 홍
수가 났을 때 한 미술관도 물에 잠겼는데, 그림들에 곰팡이가 슬지
않도록 미술관의 큐레이터들이 200점 이상의 그림에 니스타틴을
뿌렸다. 그 결과 많은 미술품을 온전하게 보전할 수 있었다.

소포로 해낸 장거리 연구

엘리자베스 헤이즌은 1885년 미시시피 주의 리치라는 작은
농업 공동체에서 태어났다. 부모는 그녀가 어릴 때 돌아가셨기 때

문에 헤이즌과 여동생은 삼촌네 집에서 자랐다. 헤이즌은 무척 뛰어난 학업 성적을 자랑했다. 역사와 전기를 열성적으로 읽는 책벌레였는데, 과학반에 들어가면서 좋아하는 과목이 바뀌었다. 그녀의 사촌은 1975년 헤이즌이 세상을 뜨자 그녀의 장서를 미시시피 여자대학에 기증했는데, 그중에 소설은 단 한 권도 없었다고 한다. 그녀는 교과서적인 삶의 태도를 가졌지만 유머가 반짝였고 책벌레에 대한 고정 관념과 달리 매우 직설적이었다고 한다.

그녀가 뉴욕 주 보건부의 연구실에 정착하기까지 그녀의 경력은 무척이나 멀고도 굴곡졌다. 고등학교 이후 바로 대학에 입학하지 않고, 인근 도시인 멤피스에서 개인 교습을 받았다. 1905년 미시시피 산업대학(나중에 미시시피 여자대학)에 등록하게 되는데, 그 학교는 수업료가 무료이고, 숙식비도 월 10달러에 불과했다. 그는 생리학, 식물학, 동물학, 물리학, 식물생리학, 해부학 등 다양한 과학 분야에 남다른 관심과 재능을 보였다. 이때부터 그녀는 과학을 평생의 목표로 삼았던 것으로 보인다.

학위를 받은 후에는 6년간 미시시피주 잭슨의 한 고등학교에서 물리학과 생물학을 가르치면서 테네시 대학의 여름 학기 생물학 강좌를 수강하고, 버지니아 대학에서도 강의를 듣고 실험 수업에도 참석하면서 꿈을 놓지 않았다. 그러다 1916년 컬럼비아 대학에 들어가 1917년에 생물학 석사 학위를 받았다. 그 기간에 그녀는 친구들로부터 다른 이름으로 불렸는데, "엘리자베스Elizabeth"가 바로 그것이다. 이때부터 그녀는 엘리자베스를 자신의 이름으로 삼는다. 어릴 때부터 '리Lee'로 불렸기 때문에 많은 자료에서 그녀를 Elizabeth "Lee" Hazen으로 표기한다.

그녀는 컬럼비아 대학에서 석사 학위를 할 때 전쟁부(현재 국방부)에서 일했고, 졸업하고는 1918년부터 2년간 앨라배마주의 캠프 셰리던 기지에서, 1919년에는 뉴욕주 캠프 밀스 기지의 진단 실험실에서 테크니션으로 일했다. 비록 실험실에서 가장 낮은 지위였지만, 그녀는 그 일을 하면서 실질적인 경험을 많이 쌓았다. 그 후로는 1923년까지 버지니아주 페어몬트에 있는 쿡병원에서 임상 및 세균학 실험실의 부책임자로 일하다 결국은 공부를 더 하기로 결심한다. 다시 컬럼비아 대학으로 돌아가, 피마자 콩에서 나오는 리신ricin의 클로스트리디움 보툴리눔Clostridium botulinum 독소(즉, 보톡스)에 대한 효과를 연구하여 1927년에 박사 학위를 취득했다.

그녀는 경력 내내 풍부한 현장 경험을 바탕으로 세균과 면역에 관한 연구를 했는데, 중요한 전기가 1931년에 찾아왔다. 뉴욕주 보건부에서 일할 기회가 생긴 것이다. 그녀는 뉴욕시의 세균 진단 실험실에서 탄저병을 추적하고, 야토병tularemia의 원인을 규명하고 식중독의 원인을 찾는 연구 등을 했다. 그리고 또 하나, 그곳에서 그녀는 진균과 진균에 의한 감염병을 공부하고, 훈련받고, 연구하기 시작했다. 진균에 관한 새로운 프로젝트를 계획하면서 자신만의 균주 은행culture collection을 만들기 시작했다. 그렇게 만든 진균 균주 은행은 헤이즌의 큰 연구 자산이 되었다.

1944년 그녀는 균류와 세균, 기타 미생물 사이의 관계에 대한 조사를 담당하는 부서의 설립자이자 책임자인 아우구스투스 워즈워스에 의해 발탁된다. 미생물학자인 헤이즌 외에도 화학자가 필요했는데, 화학자로 발탁된 이가 바로 레이첼 브라운이었다(근무처는 서로 달랐고 처음에는 아는 사이가 아니었다). 헤이즌은 진균에 의한 질병, 특히 뉴욕시에 널리 퍼진 질병, 즉 폐렴과 아구창 등을 조사하고 연구하기 시작했다. 그녀의 균주 은행에는 더 많은 곰팡이가 모였고, 드디어 항진균제 연구에 돌입한다. 헤이즌은 자신의 샘플에서 항진균 활성을 확인하고 활성 물질을 분리할 사람이 필요했는데, 1948년 올버니의 실험실 책임자 길버트 달도르프가 연구원인 브라운에게 헤이즌을 소개하여 서로 만나게 된다.

헤이즌과 브라운의 연구는 전국의 토양 샘플을 수집하는 것부터 시작되었다. 앞서 얘기한 대로 헤이즌은 샘플에서 방선균을 배양하고 항진균 활성이 있는지를 테스트했다. 활성이 있는 샘플이 발견되면 바로 올버니로 보냈다. 올버니의 브라운은 곰팡이를 죽이는 성질이 있는 것으로 보이는 물질을 분리해 냈다. 그리고는 그것을 다시 헤이즌에게 보내면 헤이즌은 브라운이 분리한 물질의 독성을 테스트했다. 다음 얘기는 앞서 밝힌 대로다.

헤이즌은 이후에도 연구에서 손을 놓지 않았다. 1954년 뉴욕주의 연구실이 해체되자 올버니의 중앙연구소로 옮겨 연구했고, 1958년 올버니 의과대학의 부교수로 옮겼다가 1960년에 은퇴했다. 은퇴 후에도 연구에서 손을 놓지 못해 컬럼비아 대학 균학 실험실의 전임 객원 연구원으로 일했다. 1973년 병든 여동생이 있는 시애틀을 방문했는데, 그때 이미 그녀도 아픈 상태여서 다시 뉴욕으로 돌아가지 못하고 여동생과 요양원에 남을 수밖에 없었다. 2년 후 6월 급성 심장부정맥으로 세상을 떠났다.

따뜻하고 외향적인 성격에 열정적인 헤이즌이었지만 기자와 사진작가는 평생 피했다. 과학과 정치 문제에는 의견을 강하게 표명했고, 특히 사회에서 여성의 지위에 관심이 많았다. 헤이즌은 평생에 걸쳐 "원리에 대한 완전하고 정확한 지식을 희생하지 않으면서 과학의 실용적인 측면을 발전시키는 것"을 삶의 모토로 삼았다. 그녀는 삶의 원칙 그대로 한평생을 살았다.

평생을 함께 한 실험 파트너

브라운은 헤이즌보다 13년 늦게 매사추세츠주 스프링필드에서 태어났다. 그녀가 12살 때 부모가 헤어지면서, 브라운의 학업은 고등학교 졸업으로 끝날 뻔했다. 하지만 아버지 없는 가난한 집안의 똑똑한 학생을 안타까워한 사람이 있었다. 바로 할머니의 친구인 헨리에트 덱스터였는데, 부유했던 그녀가 등록금을 지원해 줘 마운트 홀리요크 칼리지Mount Holyoke College에 진학할 수 있었다. 대학에서 첫 전공은 역사였다. 하지만 필수 과목인 과학을 들으면서 화학에 관심을 갖기 시작했고, 결국 역사와 화학의 복수 전공으로 졸업했다.

1920년에 대학을 졸업한 후에는 당시 화학과 학과장이자 여성 화학자들의 멘토였던 엠마 카의 추천으로 시카고 대학에 진학해 유기화학 전공으로 석사학위를 받았다. 그후 3년 동안 고등학교에서 화학과 물리학을 가르치며 저축한 돈으로 시카고 대학에 돌아와 박사 과정에 등록했다. 1926년 박사 과정 중 수행한 연구로 박사 학위 논문을 작성하고 제출했지만, 구술 시험 준비가 지연되었고, 그 사이 돈이 바닥났다. 박사 학위를 받지 못하고 시카고 대학을 떠나야만 했다. 백신과 항혈청 연구로 유명한 뉴욕주 보건부 소속의 연구 부서에 보조 화학자로 일자리를 얻었지만, 7년 후 회의를 위해 시카고를 방문했을 때 끝내 구술시험을 치르고 박사 학위를 받았다. 헤이즌도 그렇지만, 브라운도 이런 면에서 정말 대단한 집념의 소유자라는 것을 알 수 있다.

결국 박사 학위를 취득하고 뉴욕주 올버니의 연구소로 돌아온 브라운은 초기에는 폐렴을 일으키는 여러 종류의 세균을 찾아내는 연구를 했는데, 특히 폐렴구균의 특징인 다당류를 구분하는 연구로 인정받고 있었다. 항생제가 널리 사용되기 이전, 폐렴구균에 대한 치료는 항독소를 포함한 혈청을 이용하는 것이 가장 성공적이라 평가받고 있었다. 혈청은 폐렴구균의 다당류 종류(즉, 혈청형, serotype)에 따라 특이적으로 효과를 가졌기 때문에 폐렴구균의 다당류를 구분하는 것은 중요한 일이었다.[ii] 폐렴구균에 관한 연구에 집중하고 있던 브라운은 1948년 곰팡이를 연구하고 있던 엘리자베스 헤이즌을 소개받는다. 둘의 프로젝트가 시작되었고, 프로젝트의 결과는 다 알고 있는 그대로다.

앞에서 얘기한 대로 니스타틴 성공 후에도 헤이즌과 브라운은 은퇴할 때까지 계속해서 공동으로 연구했다. 그리고 팔마이신과 캐파시딘이라는 항생제를 추가로 발견했다. 브라운은 50년 이상 미국 여자대학협회의 정회원으로 활동하면서 여성의 과학 참여를 강력하게 지지하고 지원했다. 자신이 대학에 다닐 수 있도록 해준 할머니 친구인 텍스터에게 돈을 갚았을 뿐만 아니라 많은 여성 과학자가 자신과 같은 기회를 가질 수 있도록 연구비와 장학금을 위한 펀드를 만들었다.

1980년 그녀는 죽기 얼마 전《화학자Chemist》에 기고한 글에서 "모든 과학자가 성별에 관계없이 동등한 기회와 성취"를 이룰 수 있는 미래를 희망한다는 말을 남겼다.

헤이즌과 브라운은 1975년 여성 최초로 미국 화학자 협회로부터 '화학 선구자 상'을 받았고, 1994년 미국 발명가 명예의 전당에 헌액되었다.

미국 최고의 병원 중 하나인 뉴욕 프레스비테리언(New York Presbyterian Hospital, 컬럼비아 의과대학과 코넬 의과대학의 공동 제휴 병

---

ii 폐렴구균의 혈청형은 현재 100개가 넘는 것으로 알려져 있고, 폐렴구균에 대한 백신도 혈청형을 결정하는 다당류를 타겟으로 만들어지고 있다.

1950년 뉴욕주 올버니의 실험실에서 엘리자베스 헤이즌(왼쪽)과 레이첼 브라운

원)의 의사 맷 매카시는 새로운 항생제를 병원에 도입하는 과정을 박진감 있게 보여준《슈퍼버그》에서 헤이즌과 브라운이 최초의 항진균제 니스타틴을 개발하는 과정을 의대생이나 인턴, 레지던트 어느 누구에게도 가르치지 않는다며 이렇게 쓰고 있다.

"이 역사의 단편이 잊힌다는 건 교육자로서 우리가 실패하고 있다는 이야기다. 알렉산더 플레밍에 대해서는 누구나 알지만, 엘리자베스 헤이즌과 레이첼 브라운에 대해서는 어느 누구도 모른다."

내가 이 책을 쓰는 이유를 이미 그가 쓰고 있다.

짐 오닐의 보고서, 오바마의 발표

2014년 3월 영국 총리 데이비드 캐머런은 여성 최초로 영국의 최고의료책임자Chief Medical Officer, CMO가 된 샐리 데이비스와 면담하고 두 달 후 재무부를 통해 짐 오닐Jim O'Neill이라는 경제학자에게 한 가지 일을 제안했다. BRICsⁱ라는 용어를 만들어 내면서 세계의 경제 흐름을 날카롭게 읽어 내는 통찰력을 보여주기도 했던 오닐은 재정 분야 전문가였다.

총리가 그에게 제안한 일은 전 세계적인 항생제 내성의 위협과 전망에 관한 보고서를 작성하는 것이었다. 제안을 받기 전까지

---

i 브라질(Brazil), 러시아(Russia), 인도(India), 중국(China)의 머릿글자를 모은 것으로, G7 국가에 버금가는 경제력을 가진 신흥 경제국을 지칭한다.

오닐은 항생제 내성 문제를 심각하게 생각해 본 적은 물론, 그전까지는 들어본 적도 거의 없었다. 그는 인터뷰에서 몇 주 동안 '항생제 내성antimicrobial resistance'이라는 말을 제대로 발음할 수도 없었다고 말했다. 의외의 제안을 받고 집에 돌아가면서 그는 곰곰이 생각해 봤고, 가족과 논의 끝에 총리의 제안을 받아들였다. 오닐은 총리 직속으로 임기 2년의 독립적인 항생제 내성에 관한 검토위원회 의장직을 맡았고, 2014년 12월 '항생제 내성: 국가의 보건과 부를 위한 위기 대처'라는 첫 번째 보고서를 내놓았고, 2년 후인 2016년 5월 최종 보고서를 발간했다.

현재 항생제 내성 문제와 관련하여 전 세계적으로 가장 일반적으로 인용하는 문서가 된 오닐의 보고서에는 세균학자나 감염학자, 또는 보건 전문가 외에 경제학자의 입장이 반영된 항생제 내성의 충격적인 미래가 담겨 있다. 오닐과 그의 팀은 지금 이 상태로 간다면 2050년에는 전 세계에서 매년 1000만 명 이상이 항생제 내성 세균에 의해 목숨을 잃게 될 것이라고 예상했다. 매년 서울 인구에 육박하는 사람들이 항생제 내성으로 죽는다는 얘기였다. 세균이나 바이러스 감염 자체에 의한 사망자 수가 아니라는 데 주목해야 한다. 세균 혹은 바이러스에 의해서 죽는 숫자가 기본적으로 있고, 거기에 항생제 내성 문제로 추가로 사망하는 숫자를 말한다. 또한 그는 경제적으로 2014년 기준으로 2050년까지 100조 달러의 손실을 예상했다.

항생제 내성 문제를 제3자의 시각에서 면밀하게 검토한 오닐은 항생제 내성 문제가 "지금 아니면 영원히It's Now or Never" 해결되지 않을 문제라고 경고하면서 2016년에는 다음과 같은 10가지의 해결책을 제시했다.

- 전 세계적으로 항생제 내성의 심각성을 알리는 캠페인 실시
- 위생 상태 개선 및 감염 확산 방지
- 농축산업의 불필요한 항생제 사용과 살포 축소
- 항생제 내성과 사용량에 대한 국제적 감시 체계 확충
- 불필요한 항생제 사용을 줄이기 위한 새로운 신속 진단법 개발과 보급
- 백신과 백신 대체제의 사용과 개발 장려
- 감염병에 종사하는 인력의 수와 처우, 인식 개선
- 감염병 초기 단계와 비상업적 연구 개발에 필요한 연구개발 기금 조성
- 신약과 기존약 개선에 투자를 촉진할 충분한 장려책 마련
- 행동하는 국제 연합체 창설

국가 최고 책임자가 의료 전문가의 조언을 진심으로 받아들여 객관적이고 통찰력 있는 검토 위원회를 구성해 항생제 내성 문제를 점검하고 대책을 고민한 나라는 영국만이 아니었다.

2015년 3월 27일, 미국의 백악관과 행정부는 '항생제 내성 세균 퇴치를 위한 국가 행동 계획National Action Plan to Combat Antibiotic-

Resistant Bacteria'을 발표했다. 바로 전해 9월 18일 버락 오바마 대통령이 "항생제 내성 세균의 전파를 막기 위해 새로운 조치를 취하라"는 내용의 행정 명령을 내린 데 대한 후속 조치였다. 오바마 대통령은 대통령 과학기술자문위원회의 정책적 자문과 함께 우리 돈으로 1조원 이상의 예산을 투입하는 프로젝트 추진을 발표하고 다음과 같은 목표를 제시했다.

- 항생제 내성 세균의 출현을 늦추고, 내성 세균 감염의 확산을 방지한다.
- 항생제 내성 세균을 근절할 국가 차원의 통합 보건One-Health 감시 노력을 강화한다.
- 세균의 동정과 특성 파악을 위한 혁신적인 진단 테스트 기술을 빠르게 개발한다.
- 새로운 항생제와 기타 의약품 및 백신 개발을 위한 기초 연구와 응용 개발을 가속화한다.
- 항생제 내성을 방지·감독·제어하고, 관련 연구와 기술 개발에 필요한 국제적 제휴와 역량을 높인다.

오바마는 "현재 항생제 내성의 상황은, 환자 치료는 물론 경제 성장과 공중 보건, 농업과 경제 안보는 물론 국가 안보를 위협하는 수준"이라고 선언하며, 항생제 내성이 국가 공중 보건 문제의 제1순위이며, 국가 안보와 직결되는 문제라는 것을 확실히 했다.

나는 앞에서 항생제 개발 이야기를 주로 했지, 항생제 내성에 관해서는 별로 언급하지 않았다. 항생제 자체를 다룬 책도 아니고, 과학자를 중심으로 한 책이라 굳이 언급하지 않았을 뿐이다. 그래도 이 중요한 얘기를 그냥 건너뛸 수는 없었다. 글을 닫으면서 간단하게나마 다루어야 할 것 같아 짐 오닐의 보고서와 버락 오바마의 발표를 소개했다. 그밖에도 항생제 내성의 심각성을 경고한 예는 아주 많이 제시할 수 있다. 영국과 미국에서 몇 년 전에 언급한 항생제 내성 문제는 앞으로 닥칠 문제가 아니라, 바로 지금 우리의 문제다. 나는 연구하는 사람이니 문제를 학문적으로 따지는 경우가 많아, 위험성이나 절박함을 실감 나게 이야기하지 못하지만, 종종 만나는 감염내과 의사들의 이야기를 들어 보면 거의 절망 수준이다. 하지만 2014년에 오닐이 그랬듯이, 지금도 많은 사람들이 그 심각성을 제대로 인식하지 못하고 있다. 그래도 영국의 총리와 미국의 대통령은 이 문제가 국가 안보 차원의 문제라는 것은 깨닫고 있었다.

장밋빛 기대의 좌절

사실 1940년대부터 1970년대까지 이 책에서 다룬 항생제를 비롯한 수많은 항생제가 쏟아져 나오면서 감염병에 관해서는 장밋빛 미래가 예측되었다. 오스트레일리아 출신의 면역학자로 1960년에 노벨 생리의학상을 수상한 맥팔레인 버넷은 1962년에 이렇게 말했다.

"역사상 가장 중요한 사회 혁명 중 하나가 20세기 중반에 끝났다고 생각할 수 있습니다. 사회 생활에 심각한 영향을 미쳤던 감염병이 이제 사실상 제거되었습니다."

그리고 1969년에는 미국의 공중 보건 최고 책임을 맡는 보건총감Surgeon General 윌리엄 스튜어트가 의회에 보내는 보고서에 이렇게 표현했다.

"이제는 감염병에 관한 책을 덮을 시간입니다. 전염병과의 전쟁은 끝났습니다."

그들의 예언 혹은 기대가 완벽히 잘못되었다는 것을 지금 우리는 알고 있다. 버넷과 스튜어트를 어리석었다고 할 수 있을까? 그들은 뛰어난 업적을 남겼고, 존경할 만한 일을 많이 했다. 그들이 그런 기대를 할 만한 충분한 근거도 있었다. 그만큼 항생제는 놀라운 약이었다. 하지만 사람들 모두 뭔가를 놓치고 있었다. 진화의 원리는 세균과 항생제의 관계에도 작용하고 있었고, 세균의 능력은 우리의 예상을 훨씬 뛰어넘었다.

사실 항생제에 대한 내성이 나타날 가능성은 항생제가 처음 개발되면서부터 제기되었다. 본문에서도 잠깐 언급했듯이 에드워드 에이브러햄이 1940년에 이미 페니실린 분해효소를 가진 세균을 확인해서 발표했고, 알렉산더 플레밍은 1945년 노벨상 수상 기념 강연과 인터뷰에서 항생제 내성의 출현에 대해 다음과 같이 경고한 적이 있다.

"실험실에서 죽지 않을 정도로 묽게 한 항생제를 미생물에 노출시켜, 페니실린에 내성이 있는 미생물을 만드는 것은 어렵지 않습니다. 같은 일이 사람의 몸에서도 가끔 일어났습니다." (노벨 강연, 1945년 12월 11일)

"페니실린을 가지고 무분별하게 노는 사람은 페니실린 내성균에 감염되어 쓰러진 사람의 죽음에 도덕적 책임이 있습니다." (《뉴욕 타임스》 인터뷰, 1945년 12월)

페니실린이 처음 발견된 것은 황색포도상구균 배양 접시에서였지만, 1960년대를 지나면서 절반 이상의 황색포도상구균 균주가 페니실린에 내성을 갖게 되었고, 지금은 거의 모든 황색포도상구균에 페니실린이 듣지 않는다. 메티실린 내성 황색포도상구균 MRSA이 출현하기 시작한 것은 메티실린이 임상에 도입되고 1년 만이었으며, 1980년대 이후 병원에서 발견되는 MRSA는 반코마이신을 제외한 대부분 항생제에 내성이 있다. 1990년대 말에는 일본에서 반코마이신에 중간 정도의 내성을 갖는 균주가 나타나더니 2000년대에 미국에서 반코마이신 내성 황색포도상구균이 나타났다. 다행히도 현재까지는 황색포도상구균에서 반코마이신 내성이 흔하지 않은 상황이지만 언제 상황이 돌변할지 모른다. 또한 아시네토박터 바우마니Acinetobacter baumannii를 비롯한 그람 음성 병원균에서는 임상에서 사용하는 모든 항생제에 내성을 갖는, 이른바 PDRpan-drug resistance 균주가 발견되고 있다.

녹슨 못에 쓸려 세균에 감염될 수도, 수술을 위해 병원에 입원했는데 바로 그 병원에서 세균에 감염될 수도, 여름철 물놀이장에서 신나게 놀았는데 누군지도 모르는 사람에게 세균이 옮아 감염될 수도 있다. 그런데 그렇게 사소한 이유로 감염되었는데 사용할 수 있는 항생제가 없어 죽음을 기다리는 처지가 된다는 공포물 같은 예상은 그저 겁주기 위한 시나리오가 아니다. 다시 한 번 짐 오닐의 보고서를 보자. '한 해'에 '천만 명'이 '항생제 내성'으로 인해 '추가로' '죽는다.' 이 상황이 지속된다면.

항생제 내성, 무엇이 문제일까

현재 사용하는 항생제에 대한 내성이 문제라면, 지금 사용하는 항생제를 대체할 새로운 항생제를 빨리 개발하면 되지 않을까? 1950~60년대에 그렇게 금방 새로운 항생제를 찾아내고 합성해냈듯이 말이다. 그런데 지금은 그게 그렇게 쉽지 않다.

본문에서 봤듯이 항생제가 많이 개발된 시기는 1950년대에서 1970년대까지다. 현재 사용되는 항생제 대부분이 이 시기에 개발된 항생제이거나, 그때 개발된 항생제를 변형한 것이다. 그러다 어느 시점 이후로는 새로운 계열의 항생제 개발이 뚝 끊겼다. 논문이나 보고서마다 지목하는 시기는 조금씩 다르지만 대체로 1980년대부터 2000년대까지를 '혁신 실종기Innovation Gap' 혹은 '발견 공백기Discovery Void'라고 부르고 있다. 항생제 개발의 견인차가 되었던 다국적 제약회사, 이른바 '빅파마Big Phama'들이 항생제 개발에서 손을 떼거나 비중을 줄이면서 항생제 개발의 파이프라인이 말라간다는 말이 나오기도 했다. 그 이유는 다양하지만, 간단히 말해 개발은 너무 어렵고 돈은 되지 않기 때문이다. 사실 이 둘은 서로 뗄 수 있는 사이가 아니긴 하다.

우선 항생제에만 해당되는 것은 아니지만, 신약 개발은 시간이 너무 많이 걸린다. 항생제가 처음 개발될 무렵만 해도 체계적 임상 시험을 거치지 않고도 바로 약으로 쓸 수 있었다. 하지만 여러 사건 사고를 겪으면서, 지금은 고도로 복잡한 임상 시험 과정을 반드시 거쳐야 한다. 10년이 넘는 기간 동안 전前임상, 임상 1상, 임상 2상, 임상 3상의 과정을 모두 통과해야 하는데, 중간에 실패하는 경우도 상당히 많다. 성공하더라도 기간이 오래 걸린다면 비용도 그만큼 늘어난다.

항생제는 개발 자체도 쉽지 않다. 항생제는 사람에게는 없고 세균에게만 있는 구조나 효소 혹은 생합성 과정을 표적으로 삼는다. 그렇지 않으면 사람에게 부작용이 생겨 사용할 수가 없다. 그런데 세균과 사람이 정말 많이 다른 것 같지만, 사실 또 자세히 들여다보면 정말 그렇지만도 않다. 항생제가 표적으로 삼을 수 있는 것은 크게 봐서는 본문에서 거의 다 언급했다.[ii] 요즘 새로운 항생제가 개발되더라도 이전과 완전히 다른 항생제는 아닌 경우가 대부분이다. 표적 자체가 완전히 다른, 전혀 새로운 항생제가 아닌 이상 기존 항생제에 의한 내성 문제를 극복할 수 없다는 문제도 있다.

항생제 내성의 문제는 개발 자체의 어려움에 더해 항생제 개발을 지체시키는 요인이다. 새로운 표적을 찾지 못해 기존 항생제의 내성 문제를 극복하는 항생제 개발이 어렵다는 문제뿐 아니라, 새로운 계열의 항생제를 개발했다 하더라도 세균의 능력은 그 항생제에 대해서도 금방 내성을 획득해 버린다. 세균이 항생제 내성

---

ii 연구자에 따라 조금씩 다르긴 하지만, 나는 항생제의 표적에 따른 작용 메커니즘을 다섯 가지 정도로 구분한다. 세포벽 합성에 관여하는 항생제(페니실린이나 세팔로스포린과 같은 베타-락탐 계열 항생제와 반코마이신), 단백질 합성 과정을 방해하는 항생제(스트렙토마이신, 에리트로마이신, 클로람페니콜, 테트라사이클린), 핵산 합성 과정을 막는 항생제(리팜피신, 날리딕스산), 세균의 특별한 생합성 과정에 관여하는 항생제(설파닐아마이드), 그리고 세포막을 파괴하는 항생제(그라미시딘). 물론 이보다 더 많은 항생제가 있고(여기서 소개하는 항생제는 초기에 개발된 항생제가 대부분이다), 세부적인 메커니즘도 다양하지만, 이 정도만 구별해도 항생제가 어떻게 작용하는지는 대충 알 수 있다.

을 획득하는 방식은 다양하다. 항생제가 세포 내로 들어오는 것을 막기도 하고, 들어온 항생제를 밖으로 배출시키기도 한다. 표적이 되는 부위에 돌연변이가 생겨 결합할 수 없게 할 수도 있고, 항생제를 분해하는 효소를 만들어 항생제를 아예 없애버리거나 작용하지 못하게 바꿔버릴 수도 있다. 이런 능력은 세포 분열을 통해 대를 이어 수직적으로 전달되기도 하지만, 접합이나 형질 전환과 같은 방식으로 세균과 세균 사이에 수평적으로도 전달된다. 새로운 항생제를 개발하는 속도보다, 세균이 항생제에 내성을 갖추고 이를 전파하는 속도가 훨씬 빠르다. 그러니 새로운 항생제라고 기껏 개발해봐야 내성이 생겨 무용지물이 되는 경우가 생겨 버린다. 이런 경우를 대비해서 내성 문제가 심각하지 않은 새로운 항생제를 개발하면 제한항생제restriction of antimicrobial use로 지정해서 막 쓰지 못하고 꼭 필요한 경우에만 사용할 수 있도록 하고 있다.[iii] 그런데 제약회사 입장에서는 애써 개발한 항생제가 내성이 생기는 것도 문제이지만 많이 처방할 수 없도록 묶이는 것도 답답한 노릇일 수밖에 없다.

항생제를 개발하는 제약회사에는 또 다른 문제도 있다. 예를 들어, 혈압약이나 당뇨약을 항생제와 비교한다고 해 보자. 혈압약이나 당뇨약은 한번 투약하기 시작하면 평생 투약해야 한다. 약 종류는 거의 바꾸지 않는다. 그런데 항생제는 어떤가? 잘 듣는 항생제라면 단 며칠 만에 세균 감염에서 환자를 '구해 버린다.' 더 이상 항생제를 쓸 필요가 없다. 아니, 쓰면 안 된다. 나중에 다시 감염되면 그때 상황에 맞는 항생제를 처방한다. 이전에 효과를 본 항생제가 아닌 다른 항생제일 경우가 많다. 약을 팔아 이익을 남겨야 하는 제약회사라면 어떤 쪽으로 집중할까? 예전에는 그렇지 않았을 수도 있지만 지금 항생제는 '큰' 돈이 되질 않는다. 앞서 항생제 내성 관련한 보고서를 작성한 짐 오닐은 보고서 작업을 하며 가장 놀란 점으로 항생제와 관련한 제약업계의 태도를 꼽았지만, 그저 인류애만 강조해서 돈이 되지 않는 사업에 투자하라고 강요만 할 수는 없지 않은가?

그래서 짐 오닐의 보고서에서 제시한 해결책이나 오바마의 국가 행동 계획과 같은 방법이 나올 수밖에 없는 것이다. 이것저것 여러 가지가 나와 있지만, 핵심은 국민, 의사, 정부 기관, 사회단체, 제약회사, 국제단체 모두가 항생제와 항생제 내성에 대한 인식을 높여, 항생제 내성을 줄이거나 최소한 늘지 않게 하고, 인센티브나 지원을 통해 연구소와 제약회사가 새로운 항생제와 치료법을 개발하게 만드는 것이다. 어렵다고, 돈이 되지 않는다고 포기할 수 있는 일이 아니다.

항생제는 인류의 소중한 자산이다. 애초에 우리의 것은 아니었지만, 이제는 우리의 중요한 자산이 되었다. 다른 생물이 우리에

---

iii 실제로는 모든 신항생제를 제한항생제로 지정하고 있지는 않다. 일반석으로 항생제 중에서 내성 발생 시 다른 항생제 선택에 제한이 있거나 가격이 너무 비싸 처방에 주의가 필요한 경우 등 엄격한 사용 규제가 요구되는 항생제를 제한항생제로 지정하고 허가를 받은 후에 쓸 수 있도록 하고 있다.

게 선물(?)로 준 것이라고 할 수 있을까? 이 선물로 인류는 정말로 큰 혜택을 받았고, 지금도 그 혜택을 누리고 있다. 그리고 그 과정에는 기억도 못하는 수많은 연구자의 피와 땀이 녹아 있다는 것도 살펴 보았다. 하지만 이 선물이 한순간에 무용지물로 변할 수 있다는 것 또한 우리는 잊지 말아야 한다. 우리는 지금까지 온갖 역경을 헤치며 여기까지 왔다. 이 문제도 어떻게든 해결할 수 있을 것이다. 단, 지금 이대로여선 안 된다.

두 번째 책이다.

두 번째 책이지만 몇 년 동안 이 책이 내 첫 책이 될 거라 믿어 왔었다. 미처 손을 대지는 못하면서 마음속에 품고 다녔던 얘기들이다. 예기치 않게 먼저 낸 첫 책《세균과 사람: 세균에 이름을 남긴 과학자들》이 용기를 주었던 셈이다. 용기가 만용이 아니었기를 바란다.

오랫동안 품고 왔던 얘기이니만큼, 또 내 연구 내용과도 가까운 얘기이니만큼 용기를 내 시작하기만 하면 쉬울 줄 알았다. 정작 쓰기 시작하고 보니 나에게 모자란 점이 한두 가지가 아니란 걸 고스란히 인정해야만 했다. 자료를 더 찾고, 더 읽는 수밖에 없었다. 그 과정에서 새로 알게 된 것도 많았고, 그동안 잘못 알고 있었던 것도 많았다. 최선을 다했지만 그래도 여전히 불안하기 짝이 없다. 완벽하다고 자신하기에는 내가 그렇게 낯이 두껍지는 않다. 그래서 첫 책을 낼 때와 마찬가지로 뿌듯함과 걱정이 함께 한다. 빈말이 아니라, 잘못된 부분은 오롯이 내 책임이다.

감사해야 할 이들이 늘었다. 첫 번째 책에 이어 이번에도 꼼꼼히 읽고 의견을 준 백진양 씨와 김진영 선생님은 물론, 의견과 함께 용기를 더 많이 심어준 민선기 선생님께 감사드린다. 삼성창원병원 감염내과의 위유미 교수님은 중요한 조언을 해주셨다. 이 책이 세상에 나오는 과정에서 여러모로 신경을 써준 심현표 박사에게도 고마운 마음을 전한다. 책을 미리 읽고 의견을 주신 분들도 있지만, 첫 책 이후 응원해준 분들도 많았고, 특강을 통해 제 이야기를 할 수 있는 자리를 마련해주신 분들도 많았다. 한 분 한 분 이름을 언급하지 못함을 이해해 주셨으면 좋겠다. 책의 모양새가 이리 예쁘게 되리란 걸 미처 기대하지 않았었는데, 힘써주신 모든 분께 감사드린다.

내 삶의 디딤돌은 뭐니뭐니해도 가족이다. 늘 남편을 믿어주기에 뭐든 할 수 있는 용기를 주는 아내 양선이, 언제나 자신의 자리에서 최선을 다하는 딸 은아, 성실하게 군 복무하면서도 이 책에 나름 신경을 써준 아들 민석에게 고마움과 사랑의 인사를 전한다.

참고한
책과 글

아래 책과 글은 항생제와 관련 인물에 관해 일반적으로 참고한 자료들이다.

한국미생물학회, 《미생물학》 (범문에듀케이션)
대한미생물학회, 《의학미생물학》 (범문에듀케이션)
최광훈, 김홍진, 《항생물질론》 (신일북스)
유진홍, 《항생제 열전》 (군자출판사)
Walsh C. *Antibiotics: actions, origins, resistance* (ASM press)

이 책의 각 장에서 참고한 책과 글은 따로 표시했다.

여는 글

사토 겐타로, 《세계사를 바꾼 10가지 약》 (사람과나무사이)
토머스 헤이거, 《감염의 전장에서》 (동아시아)
맷 매카시, 《슈퍼버그》 (흐름출판)

1장 페니실린은 누가 발견했는가

세상의모든지식, 《오리지널의 탄생》 (21세기북스)
데이비드 윌슨, 《페니실린을 찾아서》 (전파과학사)
니콜라 비트코프스키, 《만짓의 재발견: 첫 번째 이야기》 (애플북스)
에른스트 페터 피셔, 《과학을 배반하는 과학》 (해나무)
예병일, 《의학사 노트》 (한울)

Duckett S. Ernest Duchesne and the concept of fungal antibiotic therapy. *The Lancet* 1999;354:2068-2071.

Shama G. La Moisissure et al Bactérie: Deconstructing the fable of the discovery of penicillin by Ernest Duchesne. *Endeavour* 2016;40(3):188-200.

Tipper DJ, Strominger JL. Mechanism of action of penicillins: a proposal based on their structural similarity to acyl-D-alanyl-D-alanine. *Proceedings of the National Academy of Sciences*. 1965;54(4):1133-1141.

Houbraken J, Frisvad JC, Samson RA. Fleming's penicillin producing strain is not *Penicillium chrysogenum* but *P. rubens*. *IMA Fungus* 2011; 2(1):87-95.

2장 그가 없었다면, 페니실린도 없었다

에른스트 페터 피셔, 《과학을 배반하는 과학》 (해나무)

빌리 우드워드, 《미친 연구 위대한 발견》 (푸른지식)

데이비드 윌슨, 《페니실린을 찾아서》 (전파과학사)

무하마드 H. 자만, 《내성 전쟁》 (7분의언덕)

맷 매카시, 《슈퍼버그》 (흐름출판)

예병일, 《의학사 노트》 (한울)

Bud R. Penicillin: Triumph and Tragedy (Oxford University Press)

Lax E. The Mould in Dr Florey's Coat (Abacus)

Brack P. Norman Heatley: the forgotten man of penicillin. *Biochemist* 2015;37(5):36-37.

Hamilton-Miller JMT. Appreciation: Dr. Norman Heatley. *Journal of Antimicrobial Chemotherapy* 2004; 53(5): 691-692.

Moberg CL. Penicillin' forgotten man: Norman Heatley. *Science* 1991; 253(5021): 734-735.

Sidebottom E. Without Heatley, no penicillin. *Oxford Today* 2006;16(3).

O'Conner A. Dr. Norman Heatley, 92, Dies; Pioneer in Penicillin Supply. The New York Times (2004. 1. 17).

Allchin D. Scientific myth-conceptions. *Science Education* 2003;87(3):329-351.

3장 하수구에서 나온 보물

데이비드 윌슨, 《페니실린을 찾아서》 (전파과학사)

Brotzu G., Research on a new antibiotic. *Publications of the Cagliari Institute of*

Hygiene. 1948.

Bo G. Giuseppe Brotzu and the discovery of cephalosporins. *Clinical Microbiology and Infection* 2000; 6(Supplement 3):6-8.

Tilli Tansey; Lois Reynolds, eds. (2000). Post Penicillin Antibiotics: From acceptance to resistance?. Wellcome Witnesses to Contemporary Medicine. History of Modern Biomedicine Research Group.

Bhidé A, Datar S, Stebbins K. *Case Histories of Significant Medical Advances: Cephalosporins*. Harvard Business School. 2020.

Scarpa B. Homage from one Sardinian to another. *Clinical Microbiology and Infection* 2000;6(Suppl. 3):3-5.

Hamilton-Miller JMT. Sir Edward Araham's contribution to the development of the cephalosporins: a reassessment. *International Journal of Antimicrobial Agents* 2000;15:179-184.

Jones DS, Jones JH. Sir Edward Penney Abraham CBE:10 June 1913 - 9 May 1999. *Biogr. Mems Fell. R. Soc.* 2014;60:5-22.

Dr. G.G.F. Newton. *Nature* 1969;221:885-886.

4장 '그들의 도움으로'라는 말 한마디

맷 매카시, 《슈퍼버그》 (흐름출판)
사토 겐타로, 《세계사를 바꾼 10가지 약》 (사람과나무사이)
로날트 D. 게르슈테, 《질병이 바꾼 세계의 역사》 (미래의창)
데버러 헤이든, 《매독》 (길산)
송은호, 《히스토리 X 메디슨》 (카시오페아)
토머스 헤이거, 《감염의 전장에서》 (동아시아)
무하마드 H. 자만, 《내성 전쟁》 (7분의언덕)
http://www.paul-ehrlich.de/

5장 연구는 함께, 명예는 한 사람에게

토머스 헤이거, 《텐 드럭스》 (동아시아)
토머스 헤이거, 《감염의 전장에서》 (동아시아)
맷 매카시, 《슈퍼버그》 (흐름출판)
오태광, "오태광의 바이오 산책 <28> 마법의 치료사 항생제(Magic therapist Antibiotics)". 국가미래연구원. http://www.ifspost.com/bbs/board.php?bo_table=N

ews&wr_id=4280

Bentley R. Different roads to discovery; Prontosil (hence sulfa drugs) and penicillin (hence β-lactams). *Journal of Industrial Microbiology and Biotechnology* 2009;36(6):775-786.

Ryan F. *Tuberculosis: the Greatest Story Never Told: The Human Story of the Search for the Cure for Tuberculosis and the New Global Threat* (Swift Publishers)

Grundmann E. *Gerhard Domagk: The First Man to Triumph Over Infectious Diseases* (LIT Verlag Münster)

Daniel Bovet Biographical. https://www.nobelprize.org/prizes/medicine/1957/bovet/biographical/

Dufour HD, Carroll SB. Great myths die hard. *Nature* 2013;502:32-33.

6장 이것은 누구의 연구인가

프랭크 M. 스노든,《감염병과 사회》(문학사상)

맷 매카시,《슈퍼버그》(흐름출판)

토머스 헤이거,《감염의 전장에서》(동아시아)

대니얼 M. 데이비스,《뷰티플 큐어》(21세기북스)

빌리 우드워드,《미친 연구 위대한 발견》(푸른지식)

곽재식,《곽재식의 세균 박람회》(김영사)

송은호,《히스토리 X 메디슨》(카시오페아)

예병일,《의학사 노트》(한울)

Pringle P., *Experiment Eleven*. Bloomsbury Publishing, London; 2012.

Kingston W. Streptomycin, Schatz v. Waksman, and the balance of credit for discovery. *Journal of the History of Medicine and Allied Sciences*. 2004;59(3):441-462.

Burgstahler AW. Albert Schatz-Actual discoverer of streptomycin (1920-2005). *Fluoride* 2005;38(2):95-97.

Schatz A, Bugie E, Waksman SA. Streptomycin, a substance exhibiting antibiotic activity against Gram-positive and Gram-negative bacterial. *Proc. Soc. Exp. Biol. Med.* 1944;55:66-69.

Schatz A, Waksman SA. Effect of streptomycin and other antibiotic substances on Mycobacterium tuberculosis and related organisms. *Proc. Soc. Exp. Biol. Med.* 1944;57:244-248.

Schatz A, Waksman SA. Strain variation and production of antibiotic substances. IV. Variations among actinomycetes with special reference to *Actinomyces griseus. Proc.*

Nat. Acad. Sci. (USA) 1945;31:129-137.

Schatz A., The true story of the discovery of streptomycin. *Actinomycetes*: Vol. IV, Part 2: 27-39: August, 1993.

Waksman SA. Antagonistic relations of microorganisms. *Bacteriology Reviews*. 1941;231-291.

7장 생태학이 찾은 항생제

무하마드 H. 자만,《내성 전쟁》(7분의언덕)

Walker JC. Benjamin Minge Duggar. Biographical Memoirs of the National Academy of Sciences 1958; 113-131.

Walker JC. Pioneer leaders in plant pathology: Benjamin Minge Duggar. *Annual Review in Phytopathology* 1982; 20: 33-39.

Keitt GW. Benjamin Minge Duggar: 1872-1956. *Mycologia* 1957; 49(3): 434-438.

Brazhnikova MG. Obituary: Professor Georgyi Frantsevich Gause. *Journal of Antibiotics* 1987; 40(7): 1079-1080.

Kodash N, Fischer M. Georgy Gause's shift from ecology and evolutionary biology to antibiotic research: reasons, objectives, circumstances. *Theory in Biosciences* 2019;137:79-83.

The Editors of Encyclopaedia Britannica. "René Dubos: American microbiologist". Britannica (https://www.britannica.com/biography/Rene-Dubos)

8장 생물 자원의 소유권

무하마드 H. 자만,《내성 전쟁》(7분의언덕)

맷 매카시,《슈퍼버그》(흐름출판)

Esposito AL. That Which Endures: The Quiet Heroes of Medical Discovery. *Worcester Medicine* 2011(July/August):9-13.

Son J. "Medicine-Philippines: Who Really Discovered Erythromycin?" *IPS News* (Nov 9 1994).

Hibionada FF. "Remembering the battle of Dr. Abelardo Aguilar: Cure for millions, deprived of millions" News Today (May 3 2005).

Rubinstein E, Keynan Y. Vancomycin revisited - 60 years later. *Frontiers in Public Health* 2014;2:217.

9장 지워지는 연구자의 이름

George Y. Lesher, 64, Heart-Drug Developer. *The New York Times March* 22, 1990.

Bisacchi GS. Origins of the Quinolone Class of Antibacterials: An Expended "Discovery Story". *Journal of Medicinal Chemistry.* 2015;58(12:4874-4882.

Lancini G. In memory of Piero Sensi (1920-2013). *The Journal of Antibiotics* 2014;67:609-611.

Selva E. Growing the seeds sown by Piero Sensi. *The Journal of Antibiotics* 2014;67;613-617.

Woodward B. Piero Sensi: The Italian Who Developed an Antibiotic for TB. ScienceHeroes.com

Henry R. Etymologia: Rifampin. Emerging Infectious Diseases 2018;24(3):523.

https://www.scienceheroes.com/top-10-lists

10장 히든 피겨스

데이바 소벨, 《유리 우주》 (알마)

Shibley N. "The Forgotten Women of the Antibiotics Race." https://www.ladyscience.com/features/forgotten-women-researchers-in-the-race-for-antibiotics-2021

Eveleigh DE, Bennett JW. "Women Microbiologists at Rutgers in the Early Golden Age of Antibiotics," in *Women in Microbiology*, ed. by Rachel J. Whitaker and Hazel A. Barton (American Society for Microbiology Press, 2018).

Angelova L. "Elizabeth Bugie - the invisible woman in the discovery of streptomycin" Scientista (http://www.scientistafoundation.com/)

Aronoff DM. Mildred Rebstock: Profile of the Medicinal Chemist Who Synthesized Chloramphenicol. *Antimicrobial Agents and Chemotherapy* 2019; 63(6): e00648-19.

"Mattiedna Johnson-Cleveland's 'Hidden Figure' in penicillin research". *Call & Post* (Feb 21 2017).

11장 사소한 연구는 없다

맷 매카시, 《슈퍼버그》 (흐름출판)

박현숙, 《마이코스피어》 (계단)

Dixon DM, Walsh TJ. Ch. 76 Antifungal Agents, in *Medical Microbiology* (4th edition). University of Texas Medical Branch at Galveston; 1996.

Ghannoum MA, Rice LB. Antifungal agents: Mode of Action, Mechanisms of Resistance, and Correlation of These Mechanisms with Bacterial Resistance. *Clinical Microbiology Reviews* 1999;12(4):501-517.

Chung KT. Elizabeth "Lee" Hazen (1885-1975), First to discover medically useful antifungal antibiotics. (https://highered.mheducation.com/sites/dl/free/0072320419/20534/hazen.html)

"Elizabeth Lee Hazen and Rachel Fuller Brown" Science History Institute.

닫지만 다시 여는 글

무하마드 H. 자만, 《내성 전쟁》 (7분의언덕)

O'Neill J. "Antimicrobial Resistance: Tackling a crisis for the health and wealth of nations".

O'Neill J. "Tackling drug-resistant infections globally: Final report and recommendations".

Jim O'Neill. Nature Reviews in Drug Discovery 2016; 15: 526.

"National Action Plan for Combating Antibiotic-Resistant Bacteria". The White House (March 27, 2015).

Fleming A. "Penicillin" Nobel Lecture, December 11, 1945.

찾아보기

306

그림 출처

공유 저작물의 경우에는 출처 표시를 별도로 하지 않았다.

세상을 바꾼 항생제를 만든 사람들
페니실린에서 플루오로퀴놀론까지, 항생제 개발의 진짜 역사

지은이 고관수

1판 1쇄 발행 2023년 9월 25일
1판 2쇄 발행 2023년 12월 18일

펴낸곳 계단
출판등록 제25100-2011-283호
주소 (04085) 서울시 마포구 토정로4길 40-10, 2층
전화 070-4533-7064
팩스 02-6280-7342
이메일 paper.stairs1@gmail.com
페이스북 facebook.com/gyedanbooks

값은 뒤표지에 있습니다.

ISBN 978-89-98243-23-4 03470

이 도서는 한국출판문화산업진흥원의 '2023년 우수출판콘텐츠 제작 지원' 사업 선정작입니다.